土壤改良与耕地质量提升技术

张桂兰　覃卫林　胡明宇　主编

中国农业科学技术出版社

图书在版编目(CIP)数据

土壤改良与耕地质量提升技术 / 张桂兰，覃卫林，胡明宇主编．--北京：中国农业科学技术出版社，2024.5
(2024.10重印)
ISBN 978-7-5116-6744-1

Ⅰ.①土… Ⅱ.①张…②覃…③胡… Ⅲ.①土壤改良②耕作土壤-土壤管理 Ⅳ.①S156②S155.4

中国国家版本馆 CIP 数据核字(2024)第 067663 号

责任编辑 施睿佳 姚 欢
责任校对 王 彦
责任印制 姜义伟 王思文

出 版 者 中国农业科学技术出版社
北京市中关村南大街 12 号 邮编：100081
电 话 (010) 82106631 (编辑室) (010) 82106624 (发行部)
(010) 82109709 (读者服务部)
网 址 https://castp.caas.cn
经 销 者 各地新华书店
印 刷 者 北京虎彩文化传播有限公司
开 本 140 mm×203 mm 1/32
印 张 5.875
字 数 170 千字
版 次 2024 年 5 月第 1 版 2024 年10月第 3 次印刷
定 价 26.80 元

编委会

《土壤改良与耕地质量提升技术》

主　编　张桂兰　覃卫林　胡明宇

副主编　左启花　吕　铭　罗　锐　柏为才
　　　　舒俊华　朱　莹

编　委　赵晓玲　陈　锋　王柏焱　杨　凯
　　　　王　怡　齐向阳　杜玉文　谢　坤
　　　　魏保国　袁金龙　陈　红　杜娜钦
　　　　高明聪　朱振国　李励漫

前言

土壤是人类赖以生存和发展的重要物质基础之一。它是农业生产的基石，也是生态环境保护的关键要素。然而，在长期的农业生产和自然环境演变中，土壤面临着酸化、盐碱化等多重问题，这些问题直接影响了耕地的质量和农作物的产量，威胁着国家粮食安全和农业可持续发展。因此，土壤改良与耕地质量提升对于农业生产和生态环境具有深远的意义。

本书从土壤基础知识入手，系统介绍了土壤改良与耕地质量提升的相关理论和实践方法。本书共八章，分别为土壤基础知识、土壤改良基础知识、盐碱土改良、酸化土壤改良、设施土壤改良、耕地质量提升技术、黑土地保护、高标准农田建设，旨在为读者提供全面深入的技术指南。

在编写过程中，本书力求内容丰富、结构清晰、语言通俗，以便广大耕地质量建设保护工作人员能够轻松阅读和理解。同时，本书也非常注重实用性和可操作性，希望能为实际工作提供有力的技术支撑和参考依据。

由于编者时间仓促和水平有限，书中难免存在不足之处，欢迎广大读者批评指正。

编　者

2024 年 2 月

目录

第一章　土壤基础知识

第一节　土壤的组成

土壤是能够生长植物的疏松多孔物质层，主要由固态、液态和气态物质组成。这些组成物质都有其独特的作用，各组分之间又相互影响、相互反应，形成许多土壤特性。

一、土壤的固态物质

土壤的固态物质约占土壤体积的50%，主要包括矿物质、有机质和生物。

（一）土壤矿物质

土壤矿物质是土壤的主要组成物质，构成了土壤的“骨骼”，按成因可分为原生矿物和次生矿物两大类。

1. 原生矿物

土壤原生矿物是指各种岩石受到不同程度的物理风化后而未经化学风化的碎屑物，其原来的化学组成和结晶构造均未改变。土壤的粉砂粒和砂粒几乎全是原生矿物。土壤原生矿物的种类主要有：硅酸盐类、铝硅酸盐类矿物，如长石、云母、辉石、角闪石和橄榄石等；氧化物类矿物，如石英、金红石、锆石、电气石等；硫化物，如黄铁矿等；磷酸盐类矿物，如氟磷灰石。它们是土壤中各种化学元素的最初来源。

2. 次生矿物

土壤次生矿物是由原生矿物经风化和成土过程后重新形成的新矿物，其化学组成和构造都发生改变而不同于原生矿物。土壤次生矿物分为三类：简单盐类、次生氧化物类和次生铝硅酸盐类。次生氧化物类（主要是铁、铝）和次生铝硅酸盐类是土壤矿物质中最细小的部分（粒径小于2微米），如高岭石、蒙脱石、伊利石、绿泥石、针铁矿、三水铝石等，具有胶体性质，常称为黏土矿物。

次生矿物是土壤黏粒和土壤胶体的组成部分，土壤的很多物理性质和化学性质，如黏性、吸附性等都与次生矿物有关，土壤的这些物理化学性质不仅影响植物对土壤养分的吸收，而且对土壤中的重金属、农药等污染物质的迁移转化和有效性也产生重要的影响。

（二）土壤有机质

土壤有机质是指土壤中动植物残体、微生物体及其分解和合成的物质，是土壤的固相组成部分。土壤有机质在土壤中的数量虽少，但对土壤的理化性质影响极大，而且是植物和微生物生命活动所需养分和能量的源泉。

土壤有机质包括两大类。第一类为非特殊性有机质，主要是原始组织，包括高等植物未分解和半分解的根、茎、叶以及动物分解原始植物组织后向土壤提供的排泄物和动物死亡之后的尸体等。这些物质被各种类型的土壤微生物分解转化，形成土壤物质的一部分。因此，土壤植物和动物不仅是各种土壤微生物营养的最初来源，也是土壤有机部分的最初来源。这类有机质主要累积于土壤的表层，占土壤有机部分总量的10%~15%。第二类为土壤腐殖质，是土壤中特殊的、其性质在原有动植物残体的基础上发生了很大改变的有机物质，占土壤有机质的85%~90%。腐殖质是一种复杂化合物的混合物，通常呈黑色或棕色，胶体状。它具有比土壤无机组成中黏粒更强的吸持水分和养分离子的能力，因此少量的腐殖质就能显著提高土壤的生产力。土壤腐殖质对土壤物理化学性质和微生物活动产生影响，不仅对减少进入土壤中的污染物质的危害起到巨大的作用，而且对全球碳的平衡和转化也有很大的作用。

土壤有机质组成十分复杂，按化学组成可以分为碳水化合物，含氮化合物，木质素，含磷、含硫化合物以及脂肪，蜡质，单宁，树脂等。

（三）土壤生物

土壤区别于岩石的主要特点之一，就是在土壤中生活着一个生物群体。生物不但积极参与岩石的风化作用，并且是成土作用的主导因素。土壤生物是土壤的重要组成成分和影响物质能量转化的重要因素。这个生物群体，特别是微生物群落，是净化土壤有机污染的主力军。

土壤生物可分为两大类：微生物区系和动物区系。土壤中主要包含细菌、放线菌、真菌与藻类4种重要的微生物类群。土壤微生物的数量十分庞大。微生物参与的环境污染物质的转化对环境自净功能起重要作用。土壤动物包括原生动物、蠕虫动物（线虫类和蚯蚓等）、节肢动物（蚁类、蜈蚣、螨虫等）、腹足动物（蜗牛等）以及栖居土壤的脊椎动物。

二、土壤的液态物质

土壤的液态物质由水分构成，占土壤体积的20%~30%，主要存在于土壤孔隙中。

土壤水分不仅是植物生长必不可少的因子，而且可与可溶性盐构成土壤溶液，成为向植物供给养分和与其他环境因子进行化学反应和物质交换的介质。土壤水分主导着离子的交换，物质的溶解与沉淀、化合和分解等，是生命必需元素和污染物迁移转化的重要影响因素。土壤水分主要来自大气降水、灌溉水、地下水。土壤水分的消耗形式主要有土壤蒸发、植物吸收和蒸腾、水分渗漏和径流损失等。

土壤水溶解土壤中各种可溶性物质后，便成为土壤溶液。土壤溶液主要由自然降水中所带的可溶物，如二氧化碳、氧气、硝酸、亚硝酸及微量的氨气等和土壤中存在的其他可溶性物质，如钾盐、钠盐、硝酸盐、氯化物、硫化物以及腐殖质中的胡敏酸、富里酸等构成。由于环境污染的影响，土壤溶液中也进入了一些污染物质。

土壤溶液的成分和浓度经常处于变化之中。土壤溶液的成分和浓度取决于土壤水分、土壤固体物质和土壤微生物三者之间的相互作用，它们使溶液的成分、浓度不断发生改变。在潮湿多雨地区，由于水分多，土壤溶液浓度较小，土壤溶液中有机化合物所占比例大；在干旱地区，矿物质风化淋溶作用弱，矿物质含量高，土壤溶液浓度大。此外，土壤温度升高会使许多无机盐类的溶解度增加，使土壤溶液浓度加大；土壤微生物活动也直接影响着土壤溶液的成分和浓度，微生物分解有机质，可使土壤中二氧化碳的含量增加，导致土壤溶液中碳酸的浓度也随之增大。

由于土壤溶液实际上是由多种弱酸（或弱碱）及其盐类构成的缓冲体系，因此，土壤具有缓冲能力，能够缓解酸碱污染物对植物和微生物生长的影响。

三、土壤的气态物质

土壤的气态物质存在于未被水分占据的土壤孔隙中，占土壤体积的20%~30%。土壤气态物质来自大气，但由于生物活动产生影响，它与大气的组分有差异，通常表现为湿度较高、二氧化碳含量较高、氧气含量较低。

土壤空气对植物种子发芽、根系发育、微生物活动及养分的转化有很大的影响。一方面，它是土壤肥力因素之一，土壤中空气的状况直接影响土壤性质和植物的生长；另一方面，它影响污染物在土壤中的迁移转化，影响植物生长和作物品质，如土壤中氧气含量影响土壤氧化还原电位，对土壤污染物的转化产生重要影响。土壤空气的成分还直接影响与之相接触的大气的成分，甚至影响居民区室内空气的成分，从而通过呼吸系统影响人类的健康。

第二节　土壤的性质

一、土壤的物理性质

土壤是一个极其复杂的、含有三相物质的分散系统。它的固体基质包括大小、形状和排列不同的土粒。这些土粒的相互排列和组织，决定着土壤结构与孔隙的特征，水和空气就在孔隙中保存和传导。土壤的三相物质的组成和它们之间强烈的相互作用表现出土壤的各种物理性质，如土壤质地、土壤结构、土壤通气性等。

（一）土壤质地

土壤由大小不同的土粒按不同的比例组合而成。土壤中各粒级土粒含量的相对比例或重量比称为土壤质地。依土粒粒径的大小，土粒可以分为4个级别：石砾（粒径大于2毫米）、砂粒（粒径为0.05~2毫米）、粉砂粒（粒径为0.002~0.05毫米）和黏粒（粒径小于0.002毫米）。一般来说，土壤的质地可以归纳为砂质土、黏质土和壤质土三类。砂质土是以砂粒为主的土壤，砂粒含量通常在70%以上；黏质土中黏粒的含量一般不低于40%；壤质土可以看作是砂粒、粉砂粒和黏粒三者在比例上均不占绝对优势的一类混合土壤。

（二）土壤结构

土壤结构是土壤中固体颗粒的空间排列方式。土壤结构可分为块状结构、核状结构、棱柱状结构、柱状结构、片状结构、团粒结构等。其中团粒结构多在土壤表层土中出现，特点是：土壤泡水后结构不易分散；不易被机械力破坏；具有多孔性等。具有团粒结构是农业土壤的最佳结构形态，有利于作物根系生长发育；有利于空气的流动和对流；有利于水分的输送和吸收。

（三）土壤通气性

土壤通气性对于保证土壤空气组成更新有重大意义。如果土壤没有通气性，土壤空气中的氧气在很短时间内就会被全部消耗，而二氧化碳则会增加，危害作物生长。因此，土壤的通气性可以保障土壤中空气与大气交流，不断更新土壤空气组成，保持土体各部分气体组成趋向均一。总之，土壤的通气性能良好，就有充足的氧气供给作物根系、土壤动物、微生物，保障作物的生长发育。

二、土壤的化学性质

与土壤的物理性质一样，土壤的化学性质表现在土壤酸碱性、土壤胶体性质、土壤氧化还原性等方面。

（一）土壤酸碱性

在土壤物质的转化过程中，会产生各种酸性物质和碱性物质，使土壤溶液总是含有一定数量的 H^+ 和 OH^-。两者的浓度比例决定着土壤溶液反应的酸性、中性和碱性。

土壤酸碱度常用土壤溶液的 pH 值表示。土壤 pH 值常被看作土壤性质的主要变量，它对土壤的许多化学反应和化学过程都有很大的影响，对土壤中的氧化还原、沉淀溶解、吸附、解吸和配位反应起支配作用。土壤 pH 值对植物和微生物所需养分元素的有效性也有显著的影响。在 pH 值>7 的情况下，一些元素，特别是微量金属阳离子（如 Zn^{2+}、Fe^{3+} 等）的溶解度降低，植物和微生物会受到由于此类元素的缺乏而带来的负面影响；pH 值<5时，铝、锰及众多重金属的溶解度提高，对许多生物产生毒害；更极端的 pH 值预示着土壤中将出现特殊的离子和矿物，例如 pH 值>8.5，一般会有大量的溶解性 Na^+ 存在，而往往会有金属硫化物存在。

（二）土壤胶体性质

土壤胶体是土壤中高度分散的部分，是土壤中最活跃的物质之一。土壤的许多物理、化学现象，如土粒的分散与凝聚、离子的吸附与交换、酸碱性、缓冲性、黏结性、可塑性等都与胶体的性质有关。在土壤科学中，一般认为土粒粒径小于2微米的颗粒是土壤胶体。土壤胶体按其成分和特性，主要可分为土壤矿质胶体（次生黏土矿物为主）、有机胶体（腐殖质、有机酸等）和无机复合胶体3种。因为土壤胶体颗粒体积小，所以土壤胶体拥有巨大的比表面和表面能。若土壤中胶体含量越高，土壤比表面越大，表面能也越大，吸附性能也越强。

土壤胶体有集中和保持养分的作用，不仅能为植物吸收营养提供有利条件，而且能直接为土壤生物提供有效的有机物。土壤各类胶体具有调节和控制土体内热、水、气、肥动态平衡的能力，为植物的生理协调提供物质基础。

进入土壤的农药可被黏土矿物吸附而失去其药性，条件改变时，又可被释放出来。有些农药可在胶体表面发生催化降解而失去毒性。土壤黏土矿物表面可通过配位相互作用与农药结合，农药与黏粒的复合必然影响其生物毒性，这种影响程度取决于黏粒吸附力和解吸力。

（三）土壤的氧化还原性

与土壤酸碱性一样，土壤氧化性和还原性是土壤的又一重要化学性质。电子在物质之间的传递引起氧化还原反应，表现为元素价态变化。土壤中参与氧化还原反应的元素有碳、氢、氮、氧、铁、锰、砷、铬、硫及其他一些变价元素，较为重要的是氧、铁、锰、硫和某些有机化合物，并以氧和有机还原性物质较为活泼，铁、锰、硫等的转化则主要受氧和有机质的影响。土壤中的氧化还原反应在干湿交替下进行得最为频繁，其次是有机物质的氧化和生物机体的活动。土壤氧化还原反应影响着土壤形成过程中物质的转化、迁移和土壤剖面的发育，控制着土壤元素的形态和有效性，制约着土壤环境中某些污染物的形态、转化和归趋。

第三节　土壤质量

土壤质量是农业生产的基础。土壤质量包括土壤肥力质量和土壤环境质量两个方面。良好的土壤质量应该是：土壤的肥力质量能满足农作物生长发育的需要，土壤的环境质量（土壤中所含有毒有害物质）不影响农作物产量和食用农产品的安全质量。

一、土壤肥力质量

土壤肥力质量指作物生长、发育和成熟所需要的养分供应能力和环境条件，也就是土壤的生产能力。土壤肥力质量主要包括氮、磷、钾三要素和有机质。作物生长需要大量的氮、磷、钾营养元素，其中一部分来源于土壤本身；另一部分是人为施肥引入的。土壤中氮、磷、钾含量的多少是土壤养分高低的重要标志之一。

（一）氮

作物根系主要吸收无机态氮，即铵态氮和硝态氮，也吸收一部分有机态氮，如尿素。氮是蛋白质、核酸、磷脂的主要成分，这三者又是原生质、细胞核和生物膜的重要组成部分，它们在生命活动中具有特殊作用。因此，氮被称为生命元素。氮还是某些植物激素，如生长素、细胞分裂素和维生素等的组成部分，它们对生命活动起重要调节作用。此外，氮是叶绿素成分，与光合作用有密切关系。由于氮具有上述功能，所以土壤中的含氮量会直接影响植物细胞的分裂和生长。

当氮肥供应充足时，植株枝叶繁茂，躯体高大，分蘖能力强，籽粒饱满，蛋白质含量高。植物必需元素中，除碳、氢、氧外，氮的需求量最大。土壤中氮元素主要的来源是土壤有机质，而有机质主要来源于土壤的动植物残体和施入土壤中的有机肥料。土壤有机质在一定条件下缓慢分解，释放出来以氮素为主的养分供给植物生长吸收。除此之外，在农业生产中也要特别注意氮肥的供应，常用人的粪尿、尿素、硝酸铵、硫酸铵、碳酸氢铵等肥料，以补充土壤中原有氮素营养的不足。

缺氮时，蛋白质、核酸、磷脂等物质合成受阻，植物生长矮小，分枝、分蘖少，叶片小而薄，花果少且易脱落；缺氮还会影响叶绿素的合成，使枝叶变黄、叶片早衰甚至干枯，从而导致产量降低。

氮过多时，叶片大而深绿，柔软披散，植株徒长。另外，氮素过多时植株体内含糖量相对不足，茎秆中的机械组织不发达，易造成倒伏和发生病虫害。过多氮素经水体流失进入地下水、地表水水源，引起水源富营养化，形成次级污染。

（二）磷

磷主要以 $H_2PO_4^-$ 或 HPO_4^{2-} 的形态被植物吸收。吸收这两种形态的量取决于土壤的 pH 值：当 pH 值<7 时，$H_2PO_4^-$ 居多；当 pH 值>7 时，HPO_4^{2-} 较多。当磷进入根系或经木质部运输到枝叶后，大部分转变为有机物质，如糖磷脂、核苷酸、核酸、磷脂等，有一部分仍以无机磷形态存在。磷是核酸、核蛋白和磷脂的主要成分，它与蛋白质合成、细胞分裂、细胞生长有密切关系；磷间接参与光合作用、呼吸过程并参与碳水化合物的代谢和运输。由于磷促进碳水化合物的合成、转化和运输，对种子、块根、块茎的生长有利，所以，磷对马铃薯、甘薯和谷类作物有明显的增产效果。磷对植物生长发育有很大作用，是仅次于氮的第二重要营养元素。

缺磷影响细胞分裂，植物分蘖、分枝减少，幼芽、幼叶生长停滞，茎、根纤细，植株矮小，花果脱落，成熟延迟；缺磷时，蛋白质合成下降，糖的运输受阻，从而使营养器官中糖的含量相对提高，这有利于花青素的形成，植物叶片呈现不正常的暗绿色或紫红色。

磷过多时，叶片上会出现小焦斑，是磷酸钙沉淀所致；磷过多还会阻碍植物对硅的吸收，易导致水稻患缺硅病。水溶性磷酸盐还可以与土壤中的锌结合，降低锌的有效性，故磷过多易引起植物的缺锌病。过量磷肥流失进入地下水、地表水水源，引起水源富营养化，形成次级污染。

（三）钾

钾在土壤中以氯化钾、硫酸钾等盐的形态存在，在水中离解成 K^+ 而被根系吸收。在植物体内钾呈离子态，主要集中在生命活动最旺盛的部位，如生长点、形成层、幼叶等。

钾在细胞中可作60多种酶的活化剂，因此钾在碳水化合物代谢、呼吸作用及蛋白质代谢中起重要作用；钾能促进蛋白质合成，钾充足时形成的蛋白质较多，从而使可溶性氮减少；钾与糖类合成有关，大麦和豌豆幼苗缺钾时淀粉和蔗糖合成缓慢，而钾肥充足时，植物的蔗糖、淀粉、纤维素和木质素含量较高，葡萄糖积累则较少。

缺钾时，植株茎秆柔弱，易倒伏，抗旱性、抗寒性降低，叶片失水，蛋白质、叶绿素被破坏，叶色变黄而逐渐坏死；缺钾有时也会出现叶绿焦枯、生长缓慢的现象，由于叶中部生长仍较快，所以整个叶子会形成杯状弯曲，或发生皱缩。

（四）有机质

有机质是土壤肥力质量的一个重要指标。土壤中有机质含量的多少能直接反映土壤肥力水平的高低，因此有机质是土壤中最重要的物质。土壤有机质主要来源于土壤中动植物残体和人为施入的有机肥料。有机质是土壤中的有机化合物经过物理、化学、生物的反应和作用，形成的新的并且性质相对稳定而复杂的有机化合物。有机质主要以腐殖质为主，腐殖质是有机物经微生物分解后合成的一种褐色或暗褐色的大分子胶体物质，与土壤矿物质土粒紧密结合在一起。有机质的化学组成主要包括碳、氧、氢、氮等元素，含氮化合物主要来源于动植物残体中的蛋白质，经微生物分解后被植物利用，因此含氮化合物是植物能够吸收的营养来源，是土壤肥力水平的决定性物质。

土壤有机质主要累积于土壤表面，不同土壤类型有机质含量差别很大，主要集中于土壤耕层（0~20 厘米），通常耕地土壤耕层中有机质仅占土壤干重的 0.5%~2.5%，我国大多数土壤中有机质含量在 1%~5%。

二、土壤环境质量

土壤环境质量是土壤质量的重要组成部分，是描述土壤环境优劣的一个概念，它与土壤遭受外源物质的侵袭、累积或污染的程度密切相关，总之，土壤环境质量是土壤容纳、吸收和降解各种环境污染物质的能力。

（一）影响土壤环境质量的因素

1. 污水灌溉

污水灌溉是指将城市生活污水、工业废水或混合污水直接用于农田灌溉。虽然近年来各地建立了许多污水处理厂，但污水处理的效率并不高，处理后的水质达到灌溉水质标准的比例也不理想。但是由于我国缺水严重，利用污水灌溉农田仍是普遍现象。污水灌溉的后果是一些灌区土壤中有毒有害物质明显累积，农作物生长受到严重影响，严重地区农田土壤已达污染程度，农产品有害物质已超过食品卫生规定的限量值，土壤已不适宜种植可食用的农作物，其环境质量处于污染状况。

2. 污水处理厂污泥的利用

将城市污水处理厂的污泥作为肥料使用是固体废弃物利用的主要途径。城市生活污水处理厂的污泥含有氮、磷、钾和有机质等养分，适宜作为肥料使用。但是，城市的工业废水处理厂的污泥，其成分较生活污泥要复杂得多，特别是重金属含量很高；此外，如石化、炼焦、医药、化工等企业的废水处理后的污泥中可能含有各种难降解的有机污染物质，如有机氯、多氯联苯、多环芳烃等。我国的现状是在大多数城市中，生活污水和工业废水未能分开处理，而是作为混合废水统一处理，这样得到的污泥含有多种有毒有害物质，不适宜作为肥料使用。然而，由于过去多年的使用已使农田土壤环境质量下降，污染物达到一定程度的累积，严重地区可能已达污染状况。

3. 农药和化肥的施用

使用农药防治病虫害，保护作物生长，提高产量，这是毋庸置疑的事情，但是，由于农药的使用量极难严格控制，会有相当数量的农药残留在土壤中，尤其是那些难降解的长效农药，如有机氯，所以，使用农药的副作用就是增加了土壤中的有害物质数量。化肥的施用是非常必要的，其提高作物产量和品质的正面效果是为人们所公认的，但是，过量地施用化肥会带来负面效应，如使土壤养分失调，土壤中过量的氮有的直接挥发进入大气；有的经微生物作用转化为氮气和氮氧化物进入大气，可能破坏臭氧层；有的随地表径流和地下水排入水体，使地下水源受氮污染，河川、湖泊、海湾的富营养化使藻类等水生植物生长过多。磷肥的施用更应谨慎，因为磷矿的矿渣经常作为磷肥来使用，而磷矿中重金属镉的含量较高，镉在土壤中的累积应引起重视。此外，含有三氯乙醛的磷肥属于有毒磷肥。这是因为原料中的三氯乙醛进入土壤后转化为三氯乙酸，两者均可对植物造成毒害，关于由此而造成的作物大面积受害的情况屡有发生。综上所述，必须高度重视农药和化肥的施用对土壤环境质量的影响，严格控制难降解农药的施用，逐渐推广高效低毒农药的应用；控制化肥的施用量，逐渐推广精准施肥、增加农家有机肥施用量，减少化肥的施用量。

4. 大气沉降物

大气沉降物主要是指大气中的飘尘，而在飘尘中有害的主要是金属飘尘。金属飘尘是汽车尾气和工厂废气排放中含有金属的尘埃进入大气而形成的；土壤表层的微细颗粒随风力进入大气形成的飘尘中也含有各类微量重金属。大气飘尘自身降落或随雨水降落均有可能直接接触作物且部分停留在叶面上，被叶面吸收或进入土壤后被作物根部。显然，在大气污染严重的地区，金属飘尘的沉降对作物的危害和土壤环境质量的影响是不可忽视的，尤其是在我国南方地区，大部分土壤属于酸性土壤，又经常出现酸雨天气，酸沉降本身就是土壤的污染源，加上大气飘尘的降落，不仅使土壤进一步酸化，还加重了其他有毒物质的危害。在酸雨的作用下，土壤养分淋溶，肥力下降，作物受损，土壤结构也受到破坏，造成土壤环境质量恶化、破坏土壤生产力的严重后果。

（二）农业生产对土壤环境质量的要求

1. 农业安全生产的目标

农业安全生产的目标极为明确，就是生产出优质、高产的农产品，满足人类生存的需要。

1）产量安全目标

产量安全就是数量安全，是指有足够的食品满足人类的需求。不同作物的产量不同，同一种作物因品种不同产量差异也很大，当然，这里的产量是在土壤的肥力质量和土壤环境质量相同的前提下进行比较的。所以，研究新品种、提高产量是人类永远的研究课题。

2）质量安全目标

优质的食用农产品是农业生产的追求，质量安全是指营养质量和安全质量，安全质量是指有害物质的含量不影响人体健康而规定的界限，即食品卫生标准的限量值。

2. 保障农业安全生产所要求的土壤环境质量指标

1）产量指标

将农作物产量（主要指可食部分）减少10%时的土壤有害物质的浓度作为有害物质的最大允许浓度。

2）安全质量指标

即当作物可食部分某有害元素的含量达到食品卫生指标的限量时，相应土壤中该元素的含量为最大允许浓度。

3）微生物与酶学指标

当微生物数量减少10%～15%或土壤酶活性降低10%～15%时的土壤有害物质的浓度为最大允许浓度。

4）环境效应指标

包括流行病学法和血液浓度指标，对地表水、地下水及其他环境要素的影响限量等。

上述各项指标均是保障农业安全生产所要求的土壤环境质量指标，重要的是产量和安全质量两项指标。由于同一种类的作物对不同类型的土壤所要求的环境质量是不同的，农业生产对土壤环境质量的要求应具体到在作物的种类、土壤的类型和有害物质的种类上作出明确的规定才能对农业安全生产具有实际的指导意义。

第二章　土壤改良基础知识

第一节　土壤改良的意义

土壤作为地球表面的重要组成部分，是农业生产的基础和支撑。土壤改良，旨在通过一系列的科学方法和措施，改善土壤的物理、化学和生物性质，提高土壤的肥力，从而优化农业生产条件，保障农业生产的可持续发展。其深远的意义不仅体现在农业增产、农民增收上，更在于对生态环境的保护和修复。

一、构建肥沃耕层，提高土壤质量

肥沃的土壤耕层是农业生产的基础。通过土壤改良，可以调整土壤的质地、结构和水分状况，使其更加适合农作物的生长。通过增加有机肥料的投入，可以改善土壤的有机质含量，提高土壤的蓄水保肥能力。同时，通过深耕、松土等措施，可以打破土壤的板结，增加土壤的通透性，有利于作物根系的生长和发育。这些措施的综合应用，可以构建一个肥沃、疏松、透气的土壤耕层，为农作物的生长提供良好的土壤环境。

二、增强土壤蓄水保肥能力，提高农业产量

土壤改良的另一重要目标是增强土壤蓄水保肥能力。通过增加土壤中的有机质和微生物数量，可以提高土壤的保水性能，减少水分的蒸发和渗漏。同时，有机肥料中的养分可以被土壤微生物分解转化为作物可吸收的形式，提高土壤的供肥能力。这样，即使在干旱或其他环境压力下，土壤也能保持一定的水分和养分供应，确保作物的正常生长和发育。因此，土壤改良不仅可以提高农业产量，还可以增强农业生产的稳定性和可持续性。

三、提高土壤生物活力，促进生态平衡

土壤是一个复杂的生态系统，其中包含了众多的微生物、植物、动物等生物群落。土壤改良通过增加有机肥料、调整土壤酸碱度等措施，可以改善土壤的生物环境，提高土壤生物活力。这样，不仅可以促进土壤中微生物的繁殖和活动，提高土壤的分解和转化能力，还可以增加土壤中的生物多样性，促进生态平衡。同时，土壤中的微生物还可以与作物根系形成共生关系，促进作物的生长和发育。因此，土壤改良对于维护土壤生态系统的健康和稳定具有重要的意义。

四、结合作物根层调控，优化农业生产条件

土壤改良不仅要关注土壤本身，还要结合作物的生长需求进行调控。通过了解作物的根系特点、养分需求等信息，可以针对性地调整土壤改良措施，使土壤更加适合作物的生

长。例如，对于根系较浅的作物，可以通过减少耕作深度、增加有机肥料的投入等措施，保护土壤表层的结构和肥力；对于根系较深的作物，则可以通过深耕、增加灌溉等措施，确保土壤深层的水分和养分供应。这样，不仅可以提高作物的生长速度和产量，还可以优化农业生产条件，提高农业生产的综合效益。

五、促进农业生产的可持续发展

土壤改良的最终目标是促进农业生产的可持续发展。通过改善土壤质量、提高土壤肥力、增强土壤生物活力等措施，可以为农业生产提供稳定的基础支撑。同时，土壤改良还可以促进农业生态系统的平衡和稳定，减少化肥、农药等农业投入品的使用量，降低农业面源污染的风险。这样，不仅可以保护生态环境和人民的健康安全，还可以实现农业生产的绿色、低碳、循环发展。因此，土壤改良是实现农业可持续发展目标的重要途径和措施。

第二节　土壤改良的原则

土壤改良是一个综合性、系统性的工程，它涉及农业、生态、环境等多个领域。为了实现土壤改良的目标，必须遵循一定的原则，确保改良措施的整体性原则、因地制宜原则、可持续性原则、综合性原则、经济性原则、科技支撑原则。

一、整体性原则

土壤改良必须坚持整体性原则，即要全面考虑土壤与周围环境的关系，将土壤作为一个整体来进行改良。因此，在改良土壤时，不仅要关注土壤本身的物理、化学和生物性质，还要考虑土壤所处的地理位置、气候条件、生态系统等因素，制定综合性的改良措施，以实现土壤的全面改善。

二、因地制宜原则

土壤改良应遵循因地制宜的原则，即根据不同地区、不同土壤类型的特点和存在的问题，制定适合当地的改良措施。由于不同地区的气候、地形、植被等因素存在差异，导致土壤类型和性质也各不相同。因此，在进行土壤改良时，必须根据当地的具体情况，制定切实可行的改良方案，避免一刀切、盲目跟风的现象。

三、可持续性原则

土壤改良必须坚持可持续性原则，即要确保改良措施的长远效益和可持续性。因此，在制定改良措施时，要充分考虑其对生态环境的影响，避免对土壤和周围环境造成负面影响。同时，还要注重资源的合理利用和循环利用，提高农业生产的效益和可持续性。例如，通过推广有机肥料、生物农药等环保型农业投入品，减少化肥、农药的使用量，降低农业面源污染的风险。

四、综合性原则

土壤改良应遵循综合性原则，即要综合运用多种改良措施，实现土壤的全面改善。土壤改良涉及多个领域和方面，需要采取多种措施综合治理。例如，在改善土壤结构方面，可以通过深耕、松土等措施打破土壤板结；在增加土壤肥力方面，可以通过施用有机肥料等措施提高土壤养分含量；在提高土壤生物活力方面，可以通过种植绿肥、施用微生物制剂等措施增加土壤微生物数量。这些措施需要相互配合、协同作用，才能实现土壤的全面改善。

五、经济性原则

土壤改良应遵循经济性原则，即要确保改良措施的经济效益和社会效益。在进行土壤改良时，需要充分考虑其投入与产出的关系，确保改良措施的经济合理性。同时，还要考虑改良措施对当地社会经济发展的影响，确保其社会效益。例如，通过推广先进的土壤改良技术和管理模式，提高农业生产效率和质量，增加农民收入，促进农村经济发展。

六、科技支撑原则

土壤改良必须坚持科技支撑原则，即要依靠科技进步和创新来推动土壤改良工作。随着科技的不断进步和创新，为土壤改良提供了更多的手段和方法。因此，在进行土壤改良时，要充分利用现代科技手段和方法，提高改良措施的科学性和有效性。例如，通过应用遥感技术、地理信息系统等现代信息技术手段，实现对土壤资源的精准管理和监测；通过研发新型肥料、农药等农业投入品，提高农业生产的质量和效益。

综上所述，土壤改良的原则包括整体性原则、因地制宜原则、可持续性原则、综合性原则、经济性原则和科技支撑原则。这些原则相互关联、相互促进，共同构成了土壤改良工作的基本框架和指导思想。在实际工作中，要遵循这些原则，制定科学合理的改良措施，推动土壤改良工作的深入开展，为实现农业绿色发展和乡村振兴贡献力量。

第三节　土壤改良的基本方法

早在 20 世纪 50 年代，我国就开始运用多种技术开展了大规模的土壤改良活动，盐碱地改良、红黄壤改良等成效显著，享誉世界。土壤改良的基本方法包括土壤工程改良、土壤生物改良、土壤耕作改良和土壤化学改良。

一、土壤工程改良

土壤工程改良主要是通过物理手段来改善土壤条件，为作物生长创造良好的环境。其主要措施包括平整土地、兴修梯田、客土掺砂等。平整土地可以消除地形障碍，使土壤分布均匀，有利于水肥管理和机械化作业。兴修梯田则能有效防止水土流失，保持土壤肥力。客土掺砂则是通过向土壤中加入适量的砂土或肥沃土壤，改善土壤质地和结构，提高土壤通透性和蓄水保肥能力。此外，建立农田排灌水利设施也是土壤工程改良的重要内容，通过调节地下水位，改善土壤水分状况，防止沼泽化和盐碱化。

二、土壤生物改良

土壤生物改良主要是通过增加土壤中的生物活性物质，提高土壤的生物肥力，促进作物生长。其主要措施包括种植绿肥、施用有机肥料、秸秆还田、施用微生物制剂、营造防护林等。种植绿肥可以增加土壤中的有机质和微生物数量，提高土壤肥力。施用有机肥料和秸秆还田则可以将作物残渣转化为肥料，为土壤提供养分，同时促进土壤团粒形成。施用微生物制剂可以通过引入有益微生物，改善土壤生物环境，提高土壤分解和转化能力。营造防护林则可以减少风蚀和水蚀，保护土壤资源。

三、土壤耕作改良

土壤耕作改良是通过调整耕作方法和耕作制度，改善土壤结构和耕作层性状，提高土壤蓄水保肥能力。其主要措施包括改进耕作方法（如免耕、深松、深耕）和调整耕作制度（如轮作、间作、套种等）。免耕可以减少土壤耕作次数，保持土壤结构稳定；深松和深耕则可以打破土壤板结，增加土壤深度，提高土壤蓄水能力。轮作、间作、套种等耕作制度则可以通过合理安排作物种植顺序和种植方式，减少土壤养分消耗和病虫害发生。

四、土壤化学改良

土壤化学改良是通过施用化肥、矿物、高分子聚合物和化学改良剂等物质，调节土壤酸碱度、改善土壤养分状况、提高土壤肥力。其主要措施包括施用石灰、石膏等碱性物质调节土壤酸碱度；施用化肥改善土壤养分状况；施用高分子聚合物和化学改良剂改善土壤结构和蓄水保肥能力。此外，还可以通过生物肥料和有机无机复合肥等新型肥料，实现土壤化学改良与生物改良的有机结合。

第三章 盐碱土改良

第一节 盐碱土基础知识

一、盐碱土的类型

盐碱土又称盐渍土，是土壤中含可溶性盐过多的盐土和含交换性钠较多的碱土的统称，两者的性质虽有很大的不同，但在发生形成上有密切联系，且常交错分布，所以常统称为盐碱土。盐碱土主要分布于华北、西北、东北和东南沿海地区。根据含盐种类和酸碱度不同，盐碱土分为盐土和碱土两类。

盐土是盐碱土中面积最大的一类，主要是指含大量可溶性盐的一类土壤。盐土主要含氯化物和硫酸盐，呈中性或弱碱性。以氯化物为主的盐土毒性较大，含盐量的下限为0.6%；以硫酸盐为主的盐土毒性较小，含盐量的下限为2%；由氯化物-硫酸盐或硫酸盐-氯化物组成的混合盐土毒性居中，含盐量的下限为1%。含盐量小于这个指标的，就不列入盐土范围，而列为某种土壤的盐化类型，如盐化棕钙土、盐化草甸土等。

碱土是盐碱土中面积很小的一种类型，碱土中吸收性复合土体的交换性钠的含量占交换总量的20%以上，小于这个指标只将它列入某种土壤的碱化类型，如碱化盐土、碱化栗钙土。碱土主要含碳酸盐和碳酸氢盐，呈碱性或重碱性。土壤的碱化程度越高，土壤的理化性状越坏，表现出湿时膨胀、分散、泥泞，干时收缩、板结、坚硬，通气透水性都非常差的特点。这些特征的形成主要是由于 Na^+ 具有高度的分散作用，它与土壤中的其他盐类发生交换作用，形成碱性很强的碳酸钠。碱土对植物的危害作用很大程度就是碳酸钠的毒害作用。而大多数土壤在盐化的同时，其碱化的程度也很高，两者在形成过程中有着密不可分的联系。

二、盐碱土的成因

盐碱土是在一定的自然条件下，由多方面因素共同作用而造成的。其中，影响盐碱土形成的主要因素有地理条件、气候条件、土壤质地和地下水、河流和海水的影响、耕作管理的不当等。

（一）地理条件

地形部位高低对盐碱土的形成影响很大，地形高低直接影响地表水和地下水的运动，也就与盐分的移动和积聚有密切关系。从大地形看，水溶性盐随水从高处向低处移动，在低洼地带积聚。盐碱土主要分布在内陆盆地、山间洼地和平坦排水不畅的平原区，如松辽平原。从小地形（局部范围内）来看，土壤积盐情况与大地形正相反，盐分往往积聚在局部的小凸处。

（二）气候条件

在我国东北、西北、华北的干旱、半干旱地区，降水量小，蒸发量大，溶解在水中的盐分容易在土壤表层积聚。夏季雨水多而集中，大量可溶性盐随水渗到下层或流走，这就是“脱盐”季节；春季地表水分蒸发强烈，地下水中的盐分随毛管水上升而聚集在土壤表层，这是主要的“返盐”季节。东北、华北半干旱地区的盐碱土有明显的“脱盐”“返盐”季节，而西北地区，由于降水量很少，土壤盐分的季节性变化不明显。

（三）土壤质地和地下水

土壤质地粗细可影响土壤毛管水运动的速度与高度。一般来说，壤质土毛管水上升速度较快，高度也高，砂土和黏土积盐均慢些。地下水影响土壤盐碱的关键问题是地下水位的高低及地下水矿化度的大小，地下水位高，矿化度大，容易积盐。

（四）河流和海水的影响

河流及渠道两旁的土地，因河水侧渗而使地下水位抬高，促使积盐。沿海地区因海水浸渍，可形成滨海盐碱土。

（五）耕作管理的不当

有些地方浇水时大水漫灌，或低洼地区只灌不排，以致地下水位很快上升而积盐，使原来的好地变成了盐碱地，这个过程叫次生盐渍化。为防止次生盐渍化，水利设施要排灌配套，严禁大水漫灌，灌水后要及时耕锄。

三、盐碱地的分布情况

盐碱地是一种重要的土地资源，土壤盐渍化也是一个世界性的资源和生态问题。世界上存在大量的盐渍化土壤，其主要分布在中纬度地带的干旱区、半干旱区或者是滨海地区。根据联合国教科文组织（UNESCO）和联合国粮食及农业组织（FAO）的不完全统计，全球有各种盐渍土，广泛分布于100多个国家和地区，面积约1×10^9公顷，占全球陆地面积的10%，并且以每年$1\times10^6\sim1.5\times10^6$公顷的速度在增长。

我国的盐碱土分布范围也很广泛，总面积约$9\ 913\times10^4$公顷，居世界第4位，其中现代盐碱土$3\ 693\times10^4$公顷，残余盐碱土$4\ 487\times10^4$公顷，潜在盐碱土$1\ 733\times10^4$公顷。根据土壤类型和气候条件大致可分为滨海盐土和海涂，黄淮海平原盐渍土，东北松嫩平原盐土和碱土，半漠境内陆盐土和青海、新疆极端干旱的漠境盐土五大片。其中盐碱化耕地760×10^4公顷，近1/5耕地发生盐碱化，其中原生盐化型、次生盐化型和各种碱化型分布分别占总面积的52%、40%和8%。同时，我国沿海各省、区、市约有1.8×10^4千米的滨海地带和岛屿沿岸，广泛分布着各种滨海盐土，总面积可达5×10^6公顷，主要包括长江以北的辽宁、河北、山东等省，江苏北部的海滨冲积平原及长江以南的浙江、福建、广东等省沿海一带的部分地区。

土壤盐碱化已经是一个世界性难题。由于我国人口大量增长，对耕地需求日益增大，大量森林、草地、湿地等被开垦为耕地，再加上人类不合理耕作造成了土壤次生盐碱化，而盐碱地又不适合植物尤其是农作物的生长，这样使土壤盐碱化进入了一个恶性循环，严重影响和制约了现代农业和畜牧业的发展。通常土壤含盐量在0.2%~0.5%时不利于植物生长，而受土壤中碳酸盐累积的影响，我国盐碱地的碱化度普遍较高，严重的盐碱土壤地区植物几乎不能生存。我国不少盐碱地的含盐量达0.6%~1.0%，而滨海盐碱地区土壤含盐量可达2.0%~6.0%。现今，国内外次生盐碱化耕地面积还在不断扩大。

四、盐碱地的危害

盐碱地引起的危害可以分为以下4个方面。

（一）盐碱地对树木生长的影响

1. 引发生理干旱

由于盐碱土中含盐量非常大，土壤溶液的渗透压远高于正常值，导致树木根系吸收养分、水分非常困难，浓度过高时，甚至会出现水分从根细胞外渗的情况，破坏树体内正常的水分代谢，造成生理干旱、树体萎蔫、生长停止甚至全株死亡。一般情况下，土壤表层含盐量超过0.6%时，大多数树种已不能正常生长；土壤中可溶性盐含量超过1%时，只有一些特殊耐盐树种才能生长。

2. 危害树体组织

当土壤pH值很高时，OH^-对树体产生直接毒害。因为树体内积聚的过多盐分严重阻碍了蛋白质的合成，从而导致含氮的中间代谢产物累积，造成树体组织的细胞中毒。另外，盐碱的腐蚀作用也能使树木组织直接受到破坏。

3. 滞缓营养吸收

过多的盐分使土壤物理性状恶化、肥力降低，树体生长需要的营养元素摄入速率和利用转化率都降低。而 Na^+ 的竞争，使树体对钾、磷等其他微量营养元素的吸收减少，磷的转移受到抑制，严重影响树体的营养状况。

4. 影响气孔开闭

在高浓度盐分作用下，叶片气孔保卫细胞内的淀粉合成受阻，气孔不能正常关闭，树木容易因水分过度蒸腾而干枯死亡。

（二）盐碱化对农业生产造成的危害

盐碱地危害农业生产，降低农作物的单位面积产量。主要表现在以下 4 个方面。

1. 影响种子发芽出苗

当土壤溶液总盐量约为 10 克/千克时，棉花种子就停止吸收水分，种子发芽率仅为 50%；如果土壤溶液总盐量达 20 克/千克，发芽率只有 20%。

2. 离子毒害

当土壤含盐量高时，大量离子（Cl^-、SO_4^{2-} 等阴离子和 Na^+、K^+、Ca^{2+}、Mg^{2+}等阳离子）进入植物体内，就会破坏作物地上器官和组织，造成作物体内非营养物质饱和，影响植物必需营养元素的吸收，使作物营养失调。

3. 影响作物吸收水分

土壤含盐量增加时，土壤溶液浓度相应提高，渗透压会相应增大。如果土壤溶液的渗透压超过了根毛细胞液的渗透压就会产生生理脱水，造成植物的发育不良，甚至是枯萎死亡。

4. 恶化土壤的物理性质

盐碱化会影响土壤养分的释放和植物对养分的吸收。同时，盐碱化还会破坏土壤中的微生物群落，影响有机质的分解和养分的循环，导致土壤肥力下降。此外，盐碱化还会破坏土壤中的团粒结构，影响土壤的通气性和保水性，使土壤变得板结、干燥，不利于植物的生长。

（三）危害灌区水利工程设施

土壤中的盐分不仅能改变土壤液限和塑限，降低土壤密实度，而且其中的硫酸盐、氯化物对砖、钢铁、水泥、沥青、橡胶、木材和石料等建筑材料都具有不同程度的腐蚀性，对道路、渠道、房屋和其他建筑产生较大的破坏作用，严重威胁到水利工程设施的安全运行。

（四）破坏生态环境，威胁人类生存环境

土壤盐渍化作为土地荒漠化的一种表现，将导致地面植被生产力下降、土地退化、生物多样性降低。土壤盐碱化严重的地区，由于自然植被减少，造成局部地区湿度降低，增大蒸发量，容易形成干旱、风沙等自然灾害，破坏生态环境，威胁着人类的生存环境。

第二节　盐碱土改良的原则

防治土壤盐碱化的途径和措施很多，但综合防治最为有效，实践证明，实行综合防治必须遵循以下原则。

一、以防为主、防治并重

土壤没有次生盐渍化的地区，要全力预防。已经次生盐渍化的灌区，在当前着重治理的过程中，同时采用防治措施，才能收到事半功倍的效果；得到治理以后，还要坚持以防为主，已经取得改良效果才能得到巩固、提高。

二、水利先行、综合治理

“盐随水来，盐随水去”。水既是土壤积盐或碱化的媒介，也是土壤脱盐或脱碱的动力。控制和调节土壤中水的运动是改良盐碱土的关键，土壤水的运动和平衡是受地表水、地下水和土壤水分蒸发所支配的，因而防治土壤盐碱化必须水利先行，通过水利改良措施达到控制地表水和地下水，使土壤中的下行水流大于上行水流，导致土壤脱盐，并为采用其他改良措施开辟道路。

三、统一规划、因地制宜

土壤水的运动是受地表水和地下水所支配的。要解决好垦区水的问题，必须从流域着手，从建立有利的区域水盐平衡着手，对水土资源进行统一规划、综合平衡，合理安排地表水和地下水的开发利用，建立流域完整的排水、排盐系统。

四、用改结合、脱盐培肥

盐碱地治理包括利用和改良两个方面，两者必须紧密结合，是建设高产稳产田的必由途径。治理盐碱地的最终目的是获得高产稳产，把盐碱地变成良田，为此，必须从两个方面入手，一是脱盐去碱，二是培肥土壤。不脱盐去碱，就不能有效地培肥土壤和发挥土壤的潜在肥力，亦不能保证产量；不培肥土壤，土壤的理化性质不能进一步改善，脱盐效果不能巩固，也不能高产。

五、灌溉与排水相结合

充分考虑水资源承载力，实行总量控制，协同区域灌溉和排水需求，促进农业结构调整，实行灌溉与排水相结合。实行灌溉洗盐和地下水位控制相结合，即实行灌溉洗盐，同时控制地下水位过高而引发新的次生盐碱化。

六、近期和长期相结合

防治土壤次生盐碱化，必须制订统一的规划；所采取的防治措施，一方面要有近期切实可行的内容，另一方面要有长期可预见的方向和目标。只有近期和长期相结合，土壤次生盐渍化防治才能取得成功。

第三节　盐碱土改良技术

经过几代土壤科学家的努力，在盐碱土改良方面已经形成以因地制宜、相互结合、综合治理为基本原则，以水利工程、生物修复、农业耕作、改良剂应用相结合为主要手段的一系列改良方法和经验。

一、农田水利工程改良盐碱土技术

农田水利工程改良盐碱土是依据“盐随水来，盐随水去”的基本原理。这是目前盐碱土改良中最有效的措施。以下是农田水利工程改良盐碱土的主要方法。

（一）排水措施

通过建立排水系统，如挖沟、修建渠道等，将土壤中的盐分随水排出，降低土壤盐分含量。以下是一些具体的步骤。

1. 挖掘排水沟

在盐碱土地区，可以挖掘明沟或暗沟。明沟是露天的排水沟，而暗沟则是在地下挖掘的排水管道。这些排水沟可以帮助土壤中的盐分随水排出，从而降低土壤盐分含量。

2. 修建渠道

为了更好地排水，可以修建渠道网络，将排水沟与更大的河流或湖泊连接起来。这样，排水可以直接进入更大的水体，避免在土壤中滞留，防止盐分积累。

3. 排水系统的维护

排水系统需要定期维护，以确保其正常运行。需要定期清理排水沟和渠道，防止淤积和堵塞。同时，也需要检查渠道的漏水情况，并及时进行修补，以防止水分渗入地下、地下水上升，导致土壤盐碱化。

4. 控制地下水位

控制地下水位也是盐碱土改良的重要措施之一。可以通过增加地面植被、提高土壤有机质含量、加强土壤耕作等方式来控制地下水位的上升。此外，在盐碱土地区，也可以通过打井的方式抽取地下水，降低地下水位。

需要注意的是，排水措施虽然可以降低土壤盐分含量，但在实施过程中需要注意以下3点。一是排水沟和渠道的设计应合理，避免在土壤中留有死角，导致水分滞留，引起盐分积累。二是在实施排水措施的同时，也需要合理安排灌溉，以保证土壤中的水分平衡。三是排水措施不应过度抽取地下水，以免引起地下水位过低，导致土壤盐碱化加重。

（二）喷灌洗盐

通过模拟人工降雨的方式，将含有盐分的水喷洒到土壤表面，使土壤中的盐分溶解在水中，随水流入排水系统，达到改良盐碱土的目的。以下是一些具体的步骤和建议。

1. 喷洒含有盐分的水

可以使用含有一定盐分的水，通过模拟人工降雨的方式，将其喷洒到土壤表面。这样可以让土壤中的盐分溶解在水中，同时又不会对环境造成太大的影响。

2. 控制喷洒量

喷洒的水量应该适量，避免过度喷洒导致土壤过度潮湿，反而加重盐碱化问题。同时，喷洒的水质要干净，不能含有太多的杂质和污染物，以免对土壤造成进一步的损害。

3. 增加水分的渗透性

在喷洒含有盐分的水之后，可以使用一些增加水分渗透性的方法，如使用有机肥料、生物菌肥等，促进水分更好地渗透到土壤深层，减少水分在土壤表层的滞留时间，避免盐分在表层积累。

4. 排水处理

在喷洒含有盐分的水之后，需要建立排水系统，将溶解了盐分的水及时排出。可以通过挖沟、修建渠道等方式来实现。排水系统需要定期维护，确保其畅通无阻。

（三）放淤压盐

通过向盐碱土中添加适量的泥沙，可以改善土壤质地，提高土壤的渗透性能，同时利用泥沙的吸附作用，将土壤中的盐分吸附在其表面，使其不易在土壤中移动。以下是一些关于利用泥沙改良盐碱土的要点。

1. 选择泥沙材料

用于改良盐碱土的泥沙应该是具有较好吸附性能和渗透性能的细沙或粉沙。这些泥沙能够有效地吸附土壤中的盐分，同时提高土壤的渗透性能，使水分和养分能够更好地渗透到土壤深层。

2. 控制添加量

添加适量的泥沙可以改善盐碱土的质量，但添加量过多会导致土壤过于黏重，反而影响植物的生长。因此，在添加泥沙时，需要控制添加量，根据实际情况进行调整。

3. 混合均匀

在添加泥沙时，需要将其与表层土壤混合均匀，避免在土壤中形成团块，影响土壤的渗透性能。同时，在混合过程中，也可以适当加入一些有机肥料或生物菌肥等，增加土壤的有机质含量，改善土壤的理化性质。

4. 排水处理

在添加泥沙后，需要建立排水系统，将溶解了盐分的水及时排出。可以通过挖沟、修建渠道等方式来实现。排水系统需要定期维护，确保其畅通无阻。

二、农业改良盐碱土技术

农业改良盐碱土技术是一种通过耕作、灌溉和施肥等农业措施，改良盐碱土的方法。以下是一些农业改良盐碱土的技术。

（一）平整土地

在盐碱土地区，土地往往高低不平，容易积水。通过平整土地，可以减少土壤中的水分蒸发，避免盐分在土壤表层累积。平整土地还可以增加土壤的透气性和渗透性，促进水分和养分的吸收。

在平整土地时，需要注意控制田面高度，使田面高度适宜，既能够防止积水，又能够保持土壤的水分平衡。在盐碱土地区，田面高度一般控制在0.2~0.5米，具体高度需要根据实际情况来确定。

（二）深翻抑盐

在盐碱土地区，表层土壤往往板结、透气性差，深层土壤含盐量较高。通过深翻土地，可以将表层土壤和深层土壤混合均匀，打破土壤结构，增加土壤的透气性和渗透性。深翻土地可以将表层土壤中的盐分翻入深层，降低土壤表层的盐分含量。同时，深层土壤中的水分和养分也可以通过深翻而进入表层土壤，提高土壤的肥力。深翻土地需要注意时机和深度。在盐碱土地区，一般要求深翻 30~40 厘米，打破土层结构，将全盐含量较高的表层土壤翻到底层。同时，需要注意不要破坏土壤结构，避免造成新的土壤板结。

（三）培肥抑盐改土

通过增施有机肥料、合理使用化肥、科学灌溉等措施，可以增加土壤的有机质含量，改善土壤的结构，同时也能有效地抑制土壤中的盐分。以下是一些具体的措施。

1. 增施有机肥料

有机肥料含有丰富的有机质和微生物，可以增加土壤的有机质含量，改善土壤的结构，提高土壤的蓄水保肥能力和渗透性能。在盐碱土地区，可以选择一些适合的有机肥料如腐熟的畜禽粪便、草木灰等，但是需要注意控制施肥量，避免过度施肥导致土壤过度肥沃。

2. 合理施用化肥

合理施用化肥可以提供植物所需的养分，促进植物的生长和发育。在盐碱土地区，可以选择一些低盐性、高效性的化肥，如尿素、硫酸钾等，但是需要注意控制施肥量，避免过度施肥导致土壤过度肥沃。

3. 科学灌溉

科学灌溉可以改善土壤的水分状况，促进土壤中盐分的溶解和排出。在灌溉时，可以选择一些适当的灌溉方式如喷灌、滴灌等，同时需要控制灌溉水量和灌溉次数，避免过度灌溉导致土壤过度潮湿，加重盐碱化问题。

（四）地表覆盖

地表覆盖措施是目前最常用的改良措施，地表覆盖切断了土壤水和大气之间的交流，可有效地抑制土壤水分蒸发，降低盐分在表层积累。其中覆盖材料、覆盖时间以及覆盖量等对土壤水热盐动态有显著的影响，地膜覆盖可使土壤水蒸气回流，并对表层盐分具有有效的淋洗作用，随覆盖时间延长，土壤表层脱盐效率有增大趋势，在干旱地区以及春季干旱季节，提早覆膜有利于抑制土壤表层盐分积累；此外，秸秆覆盖对土壤盐分也具有较好的抑制作用，同时，还增加土壤有机质，提高土壤肥力，对调节土壤水盐状况有重要作用；其他的覆盖物也被利用于盐碱地改良，如水泥硬壳覆盖和沙石覆盖等，它们对减少土壤无效蒸发、调节盐分在土体中的分布、促进春播作物出苗等方面皆有一定作用。

三、生物改良盐碱土技术

盐碱土的生物改良通过引种、筛选和种植耐盐植物来改善土壤物理、化学性质和土壤小气候，从而达到减少土壤水分的蒸发和抑制土壤返盐的目的。

（一）直接利用盐生植物改良盐碱土

直接利用盐生植物改良盐碱土是一种应用较普遍的方法，通过利用耐盐植物的生态适应性和生理生化特性，可以促进土壤盐分的吸收和排出，从而降低土壤盐分含量，提高土壤质量。以下是一些常见的盐生植物及其在盐碱土改良中的应用。

1. 盐角草

盐角草是一种常见的耐盐碱植物，可以在高盐环境中生长，通过吸收土壤中的盐分来改善土壤质量。同时，盐角草还可以增加土壤中的有机质含量，改善土壤结构。

2. 盐蒿

盐蒿是一种常见的耐盐碱植物，具有良好的生态适应性和药用价值。通过种植盐蒿可以减少土壤中的盐分含量，改善土壤的理化性质。同时，盐蒿的枯枝落叶可以作为有机肥料提高土壤肥力。

3. 其他耐盐植物

除了盐角草和盐蒿外，还有许多其他耐盐植物如滨海碱蓬、海滨锦葵、獐毛等都可以用于盐碱土改良。这些植物通过吸收土壤中的盐分来降低土壤的盐碱性，同时也可以增加土壤中的有机质含量，改善土壤结构。

（二）利用抗盐牧草改良盐碱土

我国抗盐碱牧草品种有140多种，可以大面积种植的禾本科牧草有14种、豆科牧草有6种。牧草改良盐碱土不仅可以改土肥田促进农业可持续发展，还能够为禁牧提供饲草、建立盐碱地绿洲改善生态环境。以下是一些常见的抗盐牧草及其在盐碱土改良中的应用。

1. 朝牧一号稗子

朝牧一号稗子是一种优质抗旱、耐盐碱的牧草，可以在盐碱环境下生长，通过吸收土壤中的盐分来改善土壤质量。同时，它还可以增加土壤中的有机质含量，改善土壤结构，降低土壤盐害。

2. 紫花苜蓿

紫花苜蓿是一种多年生草本植物，具有很强的抗逆性，抗旱能力很强，但抗寒性较弱。它含有丰富的营养成分，每年都可以收获多次。在盐碱土中种植紫花苜蓿可以改善土壤环境，增加土壤有机质含量，提高土壤肥力，促进土壤水盐平衡。

在实际应用中，选择适合的抗盐牧草是改良盐碱土的关键。需要根据不同地区盐碱土的性质和特点，选择适合的抗盐牧草进行种植。同时，也需要结合其他农业措施，如土地平整、培肥抑盐改土等，综合治理盐碱土问题。此外，利用抗盐牧草改良盐碱土不仅可以提高土地的生产力，促进农牧业可持续发展，而且还可以保护生态环境，实现生态与经济的协调发展。

（三）利用耐盐碱灌木改良盐碱土

耐盐碱灌木如沙枣、胡杨等具有耐盐碱、耐旱、耐涝等特点，可以在盐碱土地区生长并帮助改良土壤。这些灌木可以通过吸收土壤中的盐分、增加土壤有机质含量、改善土壤结构等方式，降低土壤的盐碱含量，提高土壤质量。

耐盐碱灌木可以用来建立防护林网，降低地下水位，减少裸地蒸发，从而改良盐碱土。林网可以形成微气候，减少地表水分蒸发，防止风沙侵蚀，改善土壤的水分和养分状况。

（四）抗盐农作物改良盐碱地

世界各国在采用抗盐牧草等改良盐碱土的同时，还通过杂交育种、基因工程等生物技术手段选育与开发利用了大量的抗盐农作物品种。这些抗盐农作物品种在盐碱土壤上表现出良好的生长和适应性，可以在一定程度上降低土壤的盐碱含量，提高土壤质量。

例如，中国科学家通过杂交育种技术选育出的耐盐碱水稻品种“海水稻”，能够在较高盐度的土壤中生长并正常产米。此外，其他国家如美国、日本和澳大利亚等也积极开展耐盐碱农作物品种的选育和改良工作，培育出了多种耐盐碱的作物品种，如耐盐碱棉花、耐盐碱油菜、耐盐碱甜菜等。

基因工程方法也被广泛应用于耐盐碱农作物品种的选育和改良。通过改变作物的基因组，增加其耐盐碱能力，进一步提高作物的产量和品质。例如，印度科学家利用基因工程技术培育出的耐盐碱转基因棉花品种，具有更高的耐盐碱能力和产量。

这些抗盐农作物的选育和改良，不仅有助于提高盐碱土壤的利用率，改善土壤质量，还有助于增加农作物的产量和多样性，促进农业可持续发展。

四、化学改良盐碱土技术

化学改良盐碱土技术主要是通过施用一些酸性盐类物质来改良盐碱土的性质，降低土壤的酸碱度和含盐量，增强土壤中微生物和酶的活性，促进植物根系生长。

（一）盐碱土改良剂的主要作用机理

盐碱土改良剂的主要作用机理包括以下 3 个方面。

1. 含钙物质

石膏、磷石膏、石灰等含钙物质是常见的盐碱土改良剂之一。它们通过与土壤中的钠离子进行交换，降低土壤的盐碱性。这种交换作用可以降低土壤溶液中的 Na^+浓度，从而减轻盐碱对植物生长的抑制作用。

2. 酸性物质

硫酸及其酸性盐类、磷酸及其酸性盐类等酸性物质也是盐碱土改良剂之一。它们通过中和土壤中的碱性物质，降低土壤的 pH 值，从而改善土壤的理化性质，减少盐分对植物生长的损害。

3. 有机类改良剂

有机类改良剂包括传统的腐殖质类（草炭、风化煤、绿肥、有机物料）、工业合成改良剂（如施地佳、聚马来酸酐和聚丙烯酸）和工农业废弃物等。这些有机类改良剂可以增加土壤的有机质含量，改善土壤的结构和物理性质，提高土壤的蓄水能力和通气性，从而促进植物的生长和发育。

在实际应用中，可以根据不同地区盐碱土的特点和需求，选择适合的盐碱土改良剂进行改良。同时，也需要结合其他农业措施，如土地平整、培肥抑盐改土等，综合治理盐碱土问题。

（二）土壤改良剂的施用方法

1. 施用量

一般以占干土重的百分率表示。若施用量过小、团粒形成量少，作用不大；施用量过大，则成本高、投资大，有时还会发生混凝土化现象。根据土壤和土壤改良剂性质选择适当的用量是非常重要的，聚电解质聚合物改良剂能有效地改良土壤物理性状的最低用量为 10 毫克/千克，适宜用量为 100~2 000毫克/千克。

2. 施用方法

固态改良剂施入土壤后虽可吸水膨胀，但很难溶解进入土壤溶液，未进入土壤溶液的膨胀性改良剂几乎无改土效果。因此，以前使用较多的为水溶性土壤改良剂，并多采用喷施、灌施的技术方法。但对于大片沙漠和荒漠的绿化和改良，由于受水分等条件的限制，喷、灌施的技术则难以适用。

3. 施用时土壤湿度

以往普遍认为，适宜的湿度为田间最大持水量的70%～80%，最近，由于施用方法从固态施用到液态施用的改进，施用时对土壤湿度的要求与以前不同。研究证明，施用前要求把土壤耙细晒干，且土壤越干、越细，施用效果越好。

4. 两种或两种以上改良剂混合使用

低用量的高分子絮凝剂（PAM）和多聚糖混合使用，改良土壤的效果明显提高，两种土壤改良剂混合，具有明显的正交互作用。

5. 土壤改良剂同有机肥、化肥配合使用

增加土壤有机质能起到改良土壤物理性状、提高土壤养分含量的双重作用。

（三）土壤改良剂的注意事项

对于恶化的土壤，在治理时要采取短期加长期的措施，就短期恶化土壤改善而言，使用改良剂的效果是最快的。当前已经有许多土壤改良剂产品，然而农民在使用的时候，针对性往往不足，使用比较盲目。有时将恶化土壤的某项指标纠正到适宜以后却依然使用，结果出现了矫枉过正的局面。因此，在使用土壤改良剂时要有针对性。

1. 确定土壤已经出现了恶化的情况下才使用

在蔬菜等作物种植过程中，生长出现问题并不一定代表土壤已经恶化。了解和判断土壤是否有恶化的趋向或者已经恶化必须通过正规的检测部门对土壤进行检测。当检测结果为不适宜蔬菜等作物生长的时候，就应该使用相应的土壤改良剂进行适当的调理，将土壤各项指标恢复到正常的范围内。而当土壤已经明确表现出红白霜、板结的情况时，说明土壤恶化的问题已经很严重了，此时应立即使用土壤改良剂进行调整，比如使用土壤疏松产品、排盐调剂产品等。

2. 不能长期依赖使用，避免调节过度

土壤改良剂的主要作用是改良土壤的偏酸、偏碱、盐渍化以及板结状态，不能长期使用，否则会导致过度矫正而不利于作物生长。因此，土壤改良剂应根据不同的恶化情况使用不同的数量及次数。而对于市场上的一些以改良剂为主，添加了其他养分（如有益菌、海藻精、腐植酸等）的肥料可适当增加使用次数。尤其是以有益菌为主的产品，要配合有机肥料长期使用，才能够达到矫正并且保持的良好效果。

3. 正确使用土壤改良剂产品可快速改良恶化土壤

以土壤疏松及免深耕改良剂为例。它需要根据不同的土质类型来掌握正确的用量。对于土块板结、黏性大、水肥分布不均、耕作层较浅的土壤，每年使用两次，以后逐年减少用量直至不使用。在使用时一定要正确掌握用量，用量过低难以达到改良效果；用量过高或施用次数过多，则会造成浪费。水是土壤免深耕改良剂的生物活性载体，如果土壤里没有充分湿润的水分，免深耕改良剂的生物活性就不能激活。因此，使用土壤疏松及免深耕改良剂以后要保持土壤有一定的湿度。

第四章 酸化土壤改良

第一节 酸化土壤基础知识

一、酸化土壤的概念

土壤酸化是土壤退化的一种表现形式。酸化土壤是指 pH 值<7的土壤，包括砖红壤、赤红壤、红壤、黄壤和燥红土等。我国热带、亚热带地区，广泛分布着各种红色或黄色的酸性土壤。当地气温高、雨量大，年降水量多在 1 500毫米以上。这种高温多雨、湿热同季的特点，使土壤的风化和成土作用都很强烈，生物物质的循环十分迅速；盐基高度不饱和，pH 值一般在 4.5~6；同时铁铝氧化物有明显积聚，土壤酸瘦。

二、土壤酸化的形成因素

（一）成土母质的影响

酸性母岩（如花岗岩、砂岩）上形成的土壤，其酸碱度一般都较石灰岩形成的土壤低。

（二）高温多雨

淋溶作用强烈，钙、镁、钾等碱性盐基大量流失，容易形成酸性土壤；半干旱或干旱地区的自然土壤，盐基淋溶少，相反由于土壤水分蒸发量大，下层的盐基物质容易随着毛管水的上升而聚集在土壤上层，使土壤具有石灰性反应；地势高的地方淋溶作用较强，因而盐基性也较强。

（三）植物特性

主要是因为植物根系对离子的选择吸收作用的结果，还有其中的土壤微生物活动作用的结果，如在针叶林下的土壤就有利于真菌的生长，土壤也偏酸。

（四）大气污染、酸雨

工业大量排放的酸性气体、酸性沉降物对环境的影响不断增加，造成我国南方地区酸沉降的频率和强度增加。目前我国南方黄红壤地区已成为世界上除北美和欧洲之外的第三大酸雨区。

（五）偏施化肥

在我国，大部分农民还没有形成科学的施肥理念，通常是为了农作物高产而单方面地盲目施用大量化学肥料。化学肥料是酸性的，无序的过度施用，造成了土壤酸化。

（六）土壤微生物分解

微生物分解有机质生成有机酸和二氧化碳的自然因素影响，钙、镁离子被固定。

三、土壤酸化对作物的危害

（一）造成作物缺素

酸化的土壤中氢离子超标，它会直接危害作物根系造成根系卷曲、变脆、变硬，吸收功能受阻。作物缺乏营养严重时可造成死棵烂根。酸化土壤中的锰离子和铝离子将磷元素固定，无法被作物吸收，大量锰离子、铝离子进入作物体内，排斥其他离子元素的吸收，造成作物缺铁、缺钙、缺镁及多种营养元素的吸收造成果实产量下降着色不良等，如辣椒的黑皮病。

（二）增加作物病虫害

地下害虫（如竹蝗、线虫等）生存环境与土壤 pH 值密切相关。线虫的暴发流行和土壤的酸化有着直接关系，经大量调查，pH 值越低线虫的危害越严重，这跟线虫喜欢酸性环境有很大关系。

（三）影响了土壤微生物的生存繁殖

土壤微生物一般最适宜 pH 值为 6.5~7.5 的中性范围，过酸或过碱都会严重抑制土壤微生物的生存空间，有害微生物种群数量就会增多，有益微生物种群数量会大幅减少，从而影响氮素及其他养分的转化和供应，并增加作物根部病害的发病率。

四、土壤酸化的识别

（一）土源

山林中的土壤一般是黑色或者褐色的土壤，比较疏松，肥沃，通透性好，是非常好的酸性腐殖土。如松针腐殖土、草炭腐殖土等。

（二）土色

酸性土壤一般颜色较深，多为黑褐色，而碱性土壤颜色多呈白色、黄色等浅色。有些盐碱地区，土表经常有一层白色的盐碱。

（三）质地

碱性土壤质地疏松，透气透水性强；酸性土壤质地坚硬，土壤容易板结。

（四）地表植物

在采集土样时，可以观察一下地表生长的植物，一般生长松树、杉类植物、杜鹃的土多为酸性土壤；而生长谷子、高粱、盐蓬等地段的土多为碱性土壤。

（五）浇水后的情形

酸性土壤浇水以后下渗较快，不冒白泡，水面较浑；碱性土壤浇水后，下渗较慢，水面冒白泡，起白沫，有时表面还有一层白色的碱性物质。

（六）手感

酸性土壤握在手中一般是软软的，松开后土壤容易散开，不易结块；碱性土壤握在手中感觉硬实，松手以后容易结块而不散开。

第二节　酸化土壤改良的原则

一、科学诊断，明确改良目标

在进行酸化土壤改良之前，首先要对土壤进行科学的诊断，明确土壤酸化的原因和程度。通过土壤 pH 值、有机质含量、营养元素状况等指标的综合分析，确定改良的目标和措施。针对不同类型、不同程度的酸化土壤，采取不同的改良策略，确保改良效果的最大化。

二、综合施策，多管齐下

酸化土壤改良需要综合运用多种措施，包括调整施肥结构、增加有机肥投入、施用石灰等碱性物质、推广耐酸作物品种等。这些措施要相互配合，形成合力，才能取得良好的改良效果。同时，要根据土壤酸化的程度和作物需求，合理确定各项措施的实施时间和用量，避免盲目施肥和过量投入。

三、循序渐进，逐步改善

酸化土壤改良是一个长期的过程，不能一蹴而就。在改良过程中，要遵循循序渐进的原则，逐步改善土壤环境。通过连续多年的实施改良措施，逐步提高土壤 pH 值，改善土壤结构，增加土壤肥力。同时，要注重土壤生态的保护，避免过度开发和破坏。

四、因地制宜，分类指导

不同地区、不同类型的酸化土壤具有不同的特点，因此在改良过程中要因地制宜，分类指导。根据当地的气候、土壤、作物等条件，制定适合当地的改良方案。同时，要加强技术推广和培训，提高农民对酸化土壤改良的认识和技能。

第三节　酸化土壤改良的技术

一、酸化土壤改良的具体措施

（一）调整施肥结构

合理调整施肥结构是酸化土壤改良的重要措施之一。要减少化肥的用量，特别是氮肥的用量，增加有机肥的投入。有机肥不仅可以提供作物所需的养分，还可以改善土壤结构，增加土壤肥力。同时，要注重氮、磷、钾等营养元素的平衡施用，避免单一元素的过量投入。

（二）增加有机肥投入

有机肥是改良酸化土壤的重要物质。通过增加有机肥的投入，可以提高土壤有机质含量，改善土壤团粒结构，增加土壤蓄水保肥能力。同时，有机肥中的微生物和酶类物质可以促进土壤生物活性的提高，有利于土壤生态的恢复和改善。

（三）施用石灰等碱性物质

施用石灰等碱性物质是快速提高土壤 pH 值的有效方法。石灰可以与土壤中的氢离子发生中和反应，降低土壤酸度。同时，石灰还可以补充土壤中的钙元素，对作物生长也有促进作用。但需要注意的是，石灰的用量要适量，避免过量使用导致土壤碱化。

（四）推广耐酸作物品种

针对不同酸度的土壤，筛选和培育耐酸性强、产量高的作物品种。耐酸作物品种具有较强的适应性和抗逆性，可以在酸性土壤环境中正常生长并产生较高的产量。通过种植耐酸作物品种，不仅可以减少土壤酸化对作物生长的影响，还可以为农民带来经济效益。

（五）增施土壤调理剂

土壤调理剂包括膨润土、蛭石、珍珠岩等。这些物质可以改善土壤结构，增加土壤蓄水保肥能力，提高土壤 pH 值。合理使用土壤调理剂可以显著改善土壤的物理和化学性质，为作物生长提供更好的土壤环境。

（六）生物修复技术

生物修复技术是一种新兴的酸化土壤改良方法。通过利用微生物、植物等生物资源，可以促进土壤有机质的分解和养分的释放，改善土壤环境。同时，生物修复技术还可以增强土壤生态功能，提高土壤的自我修复能力。

二、酸化土壤改良后的效果监测

监测酸化土壤改良后的效果是确保改良措施有效性和持续性的重要环节。以下是一些监测酸化土壤改良效果的方法。

（一）定期测定土壤 pH 值

土壤 pH 值是判断土壤酸化状况的关键指标。在改良后的一段时间内（如每季度或每半年），定期测定土壤 pH 值，观察其变化趋势。如果 pH 值逐渐上升并稳定在适宜的范围内，说明改良措施有效。

（二）监测土壤养分含量

土壤养分是作物生长的重要基础。通过定期监测土壤中氮、磷、钾等主要养分的含量，可以了解土壤肥力的变化。如果养分含量有所增加并保持稳定，说明改良措施对土壤肥力的提升有积极作用。

（三）观察作物生长状况

作物生长状况是反映土壤改良效果的直接指标。在改良后的种植季节中，密切观察作物的生长情况，包括株高、叶色、根系发育等。如果作物生长良好，产量稳定增加，说明土壤改良措施对作物生长有积极的影响。

（四）分析土壤微生物群落

土壤微生物是土壤生态系统的重要组成部分。通过分析土壤中的微生物群落结构、数量和活性等指标，可以了解土壤生物活性的变化。如果微生物群落朝着多样性增加、活性增强的方向发展，说明改良措施对土壤微生物环境有改善作用。

（五）评估土壤环境质量

土壤环境质量是综合反映土壤健康状况的指标。可以通过检测土壤中的重金属、有机污染物等有害物质的含量，评估土壤环境质量的变化。如果有害物质含量降低或保持稳定，说明改良措施对土壤环境质量的提升有积极贡献。

综上所述，监测酸化土壤改良后的效果需要综合运用多种方法和指标进行评估。通过定期测定土壤 pH 值、监测土壤养分含量、观察作物生长状况、分析土壤微生物群落以及评估土壤环境质量，可以全面了解改良措施的效果，为后续的土壤管理和调整提供科学依据。

第五章 设施土壤改良

设施农业是现代农业生产的重要组成部分，通过人为控制环境因素，为作物提供适宜的生长条件。然而，在长期连作和高度集约化的生产方式下，设施土壤往往容易出现土壤板结、土壤连作障碍等问题，严重影响作物的生长和产量。因此，对设施土壤进行改良，提高土壤质量，对于保障设施农业可持续发展具有重要意义。

第一节 设施土壤板结改良

一、设施土壤板结的发生原因

土壤板结是指土壤表层在灌水或降水等外因作用下结构被破坏、土粒分散，而干燥后受内聚力作用土体紧实的现象。土壤板结使土面变硬，透气性差，渗水慢，氧气不足，是蔬菜栽培中常见的一种土壤障碍，对蔬菜正常生长极为不利。

（一）新建温室取土筑墙，机械碾压导致板结

新建温室由于建造中取土筑墙，富含有机质的表层土被取走，留下耕作的土壤为原来的生土层，又经过推土机等机械碾

压，致使土壤结构被破坏，理化性状变差，养分含量低引起板结。

（二）施肥不合理，土壤性状变差导致板结

不合理地使用化学肥料，导致土壤养分失衡，特别是过量施用铵态氮类肥料和钾肥，引起土壤块状结构、团粒结构的破坏，最后形成土壤板结。土壤团粒结构是带负电的土壤黏粒及有机质通过带正电的多价阳离子连接而成的。土壤中以正二价的钙、镁阳离子为主，过量施入磷肥时，磷肥中的磷酸根离子与钙、镁等阳离子结合形成难溶性磷酸盐，既浪费磷肥，又破坏了土壤团粒结构，导致板结。优质农家肥投入不足、秸秆还田量少、长期单一偏施化肥、腐殖质不能得到及时补充，造成有机肥不足而板结。

（三）大水漫灌导致土壤板结

采用大水漫灌，不仅浪费水资源，而且会由于温室栽培条件下温度高，水分短时间内蒸发，造成土壤表层板结。另外，大水漫灌会破坏栽培环境因子的平衡，影响根系正常生长，导致土壤养分流失，使土壤性状变差，从而引发土壤板结。

（四）耕作过浅

设施栽培条件下，由于空间的限制，土壤的耕作只能利用小型旋耕机进行，旋耕深度较浅，仅有 10 厘米左右，连续多年多季旋耕作业之后，加之相关农艺技术不配套，使耕地形成坚硬的犁底层，导致耕作层越来越浅，最终形成严重的土壤板结。

二、设施土壤板结的改良方法

（一）合理施肥

腐殖质是形成团粒结构的主要成分，而腐殖质主要是依靠土壤微生物分解有机质得来的。因此，提高团粒结构的数量需向土壤补充足量的有机质，使用底肥时应加大优质有机肥的用量，如粉碎的秸秆、玉米芯、花生壳等。禽畜粪肥中牛羊粪有机质含量高，是改良土壤板结的首选，而鸡鸭猪粪含水量大、氮磷含量较高，不宜过多使用。一般在作物定植前20~30天，每亩施用1 000千克秸秆，灌足水，铺上地膜，并盖严棚膜闷棚，可明显提高土壤的总孔隙度，使耕层容重下降，土壤疏松，水稳性团粒含量明显增加，有利于调节大棚土壤耕层的水肥气热，促进植株生长。增施生物菌肥还可快速补充土壤中的有益菌，恢复团粒结构，消除土壤板结，促进蔬菜根系健壮生长。化学肥料施用要立足于土壤测试，因土配方，合理补充。因此，菜农应及时对棚室土壤进行检测，准确了解土壤养分含量之后适量补充元素。对于板结的土壤，底肥应以有机肥为主，化学肥料少施或不施用，中后期追肥以吸收效率高的水溶肥为主。

（二）科学灌水

采用大水漫灌往往造成栽培环境恶化，导致病虫害加重。日光温室栽培宜采用膜下滴灌或微喷灌模式，此法不仅省水省工，减少了土壤养分流失和防止板结，而且可以结合灌水进行用药和施肥，利于田间操作。

（三）适度深耕

设施栽培受空间的限制，大型机械无法进入，耕翻最好人工进行，深度40厘米左右，不但可翻匀肥料，防止烧苗，还可避免土壤犁底层的形成，有利于作物根系生长。

（四）用养结合

通过合理的作物布局和轮作倒茬，把养分需求特点不同的作物合理搭配，能改良土壤、培肥地力，达到用养结合、提高土壤质量的目的。

（五）施用土壤改良剂

腐植酸土壤改良剂含有各种营养元素，可促进微生物的生长繁殖，可提高土壤渗透性，增加土壤的蓄水保肥能力，减少土壤水分蒸发，增加土壤的阳离子交换能力，有利于植物对铁、镁、锌、铜的结合，能够改善土壤的物理、化学和微生物反应，增加土壤肥力，在治理土壤板结、盐碱化等问题上效果突出。

第二节　设施土壤连作障碍

一、设施土壤连作障碍的原因

（一）土壤有害微生物的积累

因为设施土壤一年四季均具有病原菌生长繁殖的适宜温度，使得土壤中病原菌数量不断增加，同时设施栽培中化肥的过多使用也导致土壤中病原拮抗菌的减少，更加助长了病原菌的繁殖。

（二）土壤理化性状变劣

连作土壤种植作物种类单一，而作物对营养和肥料的吸收具有选择性，因此多年连作以后势必造成土壤中养分的比例失调，尤其是一些微量元素缺乏。设施栽培中普遍存在超量施肥和不平衡施肥现象，也容易造成土壤养分失衡，破坏土壤的物理结构，带来酸化、板结、次生盐渍化等一系列问题。

（三）蔬菜的自毒作用

一些植物可通过地上部淋溶、根系分泌物和植物残茬腐解等途径来释放一些物质对同茬或下茬同种或同科植物生长产生抑制作用。

二、设施土壤连作障碍的危害

（一）土壤板结

连作会导致土壤孔隙度降低、容重增加、土壤板结，使得土壤的通透性降低，影响植物根系生长和水分吸收。

（二）土壤养分失衡

设施耕层中的土壤养分分布不均衡，某些元素如有效钙、镁、硅、硼等出现亏缺，而一些元素如速效磷、全氮、铜、铁和锰等含量增加，导致作物体内各种养分比例失调，出现生理和功能障碍。

（三）土壤盐分积累

设施内土壤长期得不到雨水淋洗，加上化肥的大量施用，导致土壤表层盐分大量聚集，土壤次生盐渍化加重。盐分离子组成：Ca^{2+}、NO_3^-、SO_4^{2-}、Cl^-，危害原理：离子毒害、渗透胁迫。

（四）病虫害增加

连作易造成土壤病原菌增加，使得作物病虫害问题加剧。例如，十字花科的软腐病、茄果类和瓜类的猝倒病和立枯病等病害在连作条件下可能加重。

（五）作物生长受阻

连作条件下，作物生长缓慢、产量品质下降。例如，连作番茄的株高和茎粗比连作 1 茬的明显降低，产量也降低了 15%。

三、设施土壤连作障碍的改良方法

（一）合理轮作换茬

这是防治连作障碍最简单有效的措施。不同的作物轮换种植可以减少病原菌的积累，减轻连作障碍的发生。例如，火葱的前茬作物以豆类、瓜类作物最佳，要避免与葱蒜类作物轮作。其中水旱轮作是目前效果最好的栽培模式，该模式对于改善土壤理化性状、提高地力、消除土壤中有毒物质、促进有益微生物活动具有积极效果。

（二）土壤消毒

可以采用高温闷棚消毒处理。完全清除植株后，每亩均匀撒施生石灰等消毒药剂，然后深翻土壤至少 30 厘米，灌水使病原菌芽孢和线虫游离出来，最后密闭棚室。这种方法对根部病害、根结线虫的防效可达80%以上，还可显著减轻嫁接口细菌性腐烂病的发生。

（三）增施有机肥

有机肥具有疏松土壤、改善微生物生活条件、培肥地力、协调土壤养分供给、保障作物健壮生长的作用，因此增施有机肥是防止土壤连作障碍的有效措施。常见的有机物料施用修复连作土壤的措施包括腐熟秸秆、沼液沼渣、腐熟堆肥等。

（四）配施生物菌剂

微生物肥是通过人工培养对植物有益的微生物而研制的微生物制品。微生物饲料中富含大量的有益菌，土壤接种有益菌后，可有效抑制某些病原菌的生长，改善土壤生态环境，提高土壤自身的降解能力，防止病害的传播与自毒作用的发生。

第六章 耕地质量提升技术

第一节 秸秆还田技术

秸秆还田是指将农作物收割后的秸秆留在地表或覆盖于土壤中，使得农田土壤中的有机质增加，养分提升，改善土壤结构和性质。这种方式不仅可以提高资源利用效率，避免浪费，还能显著增强农田的肥沃程度，改善土壤的温度、湿度条件，进一步提升土壤的质量。从多年的农业生产实践看，秸秆还田主要有秸秆直接还田和秸秆间接还田两种方式。

一、秸秆直接还田

秸秆直接还田是指将作物秸秆覆盖于农田表面或直接施入土壤中的秸秆还田方式。

（一）秸秆覆盖还田

秸秆覆盖还田按秸秆形式分为碎秸秆覆盖还田和根茬覆盖还田两种。

1. 碎秸秆覆盖还田技术要点

1）合理确定割茬高度

从免耕播种角度考虑，只要免耕播种机能够顺利通过，对割茬高度没有特殊要求。但是冬春季节风大、秸秆容易被吹走的地方，可以考虑适当留高茬，以挡住秸秆，不被风吹走。

2）注重秸秆粉碎质量

要正确选择拖拉机或联合收割机的前进速度，使玉米秸秆粉碎长度控制在 10 厘米左右，小麦或水稻秸秆粉碎长度 5 厘米左右，长度合格的碎秸秆达到 90%以上。播种时过长的秸秆容易堵塞播种机以及架空种子，使种子不能接触土壤而影响出苗。若发现漏切或长秸秆过多，秸秆还田机应进行二次作业，确保还田质量。

3）秸秆铺撒均匀

避免有的地方秸秆成堆成条，有的地方又没有秸秆，起不到覆盖作用。多数秸秆还田机或联合收割机安装的切碎器都能均匀地抛撒秸秆。如果发现成堆或成条的秸秆，可以人工撒开，必要时用圆盘耙作业把秸秆分布均匀。

4）保证免耕播种质量

应根据秸秆覆盖状况，选择秸秆覆盖防堵性能适宜的少免耕播种机。如果秸秆覆盖量大，可选用驱动防堵型少免耕播种机。

2. 根茬覆盖还田技术要点

1）合理确定根茬高度

根茬高度不仅关乎还田秸秆的数量，而且影响覆盖效果，即蓄水保土、保护环境的效果。根茬太低还田秸秆量不够，覆盖效果差；根茬太高则又可能影响播种质量以及用于其他方面（如饲料、燃料）的秸秆不足。据报道，小麦 20～30 厘米、玉米30~40厘米高的根茬覆盖比较合适，能够控制大部分水土流失。

2）保证免耕播种质量

在仅有小麦（莜麦、大豆）根茬覆盖情况下，少免耕播种质量相对容易保证。玉米根茬坚硬粗大，容易造成开沟器堵塞或拖堆，这种情况下，可采用对行作业方式，错开玉米根茬，或者采用动力切茬型免耕播种机进行作业。

3. 秸秆覆盖还田注意事项

1）注意防火

在作物收获后到完成播种前的长时间里，地面都有秸秆覆盖，有时秸秆可能相当干燥，很容易引起火灾。所以防火十分重要。禁止人们在田间用火、乱丢烟头，特别防范儿童在田间玩火。

2）注意人身安全

秸秆还田机上有多组转速很高（每分钟1 000多转）的刀片去切碎秸秆，如果刀片松动或者破碎甩出来，安全防护罩又不完整，就可能危及人身安全。因此，操作者必须有合法的拖拉机驾驶资格，要认真阅读产品说明书，掌握秸秆还田机操作规程、使用特点后方可操作。

作业前。要对地面及作物情况进行调查，平整地头的垄沟（避免万向节损坏），清除田间大石块（避免损坏刀片及伤人）；要检查秸秆还田机技术状态，刀片固定是否牢固，防护罩是否完整，可将动力与机具挂接；接合动力输出轴，慢速转动1~2分钟，检查刀片是否松动，是否有异常响声，与安全防护罩是否有剐蹭；调整秸秆还田机，保持机器左右水平和前后水平。

作业中。①起步前，将还田机提升到一定的高度，一般150~200毫米，由慢到快转动。注意机组四周是否有人，确认无人时，发出起步信号，挂上工作挡，缓缓松开离合器，操纵拖拉机或联合收割机调节手柄，使秸秆还田机在前进中逐步降到所要求的留茬高度，然后加足油门，开始正常作业。②及时清理缠草，清除缠草或排除故障必须停机进行。作业中有异常响声时，应停车检查，排除故障后方可继续作业，严禁在机具运转情况下检查机具。③作业时严禁带负荷转弯或倒退，严禁靠近或跟踪，以免抛出的杂物伤人。④转移地块时，必须停止刀轴旋转。

作业后。及时清除刀片护罩内壁和侧板内壁上的泥土层，以防增大负荷和加剧刀片磨损。刀片磨损必须更换时，要注意保持刀轴的平衡。个别更换时要尽量对称更换，大量更换时要将刀片按重量分级，同一重量的刀片才可装在同一根轴上，保持机具动平衡。

3）注意协调秸秆还田与离田的关系

秸秆还田和离田并不对立。如果秸秆离田确有其他重要用途，可在田间保留适宜高度的根茬覆盖。

（二）秸秆翻埋还田

秸秆翻埋还田按秸秆形式可分为碎秸秆翻埋还田、整秸秆翻埋还田和根茬翻埋还田3种。

1. 碎秸秆翻埋还田技术要点

秸秆粉碎可以利用秸秆粉碎机或者安装有秸秆粉碎装置的联合收获机完成。不管采用哪种方式粉碎，都要保证秸秆粉碎质量，而且抛撒均匀。

1）选择还田时间

在不影响粮食产量的情况下及时收获，趁作物秸秆青绿时及早还田，耕翻入土。此时作物秸秆中水分、糖分高，易于粉碎和腐解，迅速变为有机质肥料。若秸秆干枯时才还田，粉碎效果差，腐殖分解慢；秸秆在腐烂过程中与农作物争抢水分，不利于作物生长。

2）确定割茬高度

秸秆还田机的留茬高度靠调整刀片（锤片）与地面的间隙来实现，留茬太高影响翻埋效果，留茬太低容易损毁刀片，一般保留 50~100 毫米。小麦联合收割机的割茬高度通过调整收割台高度来控制，割茬高度影响收割速度，有的农机手为了进度快把麦茬留得很高，这是不符合要求的。留茬高度既要考虑收割速度，也要考虑翻埋质量，一般取 100~200 毫米为宜。

3）注重秸秆粉碎质量

农机手要正确选择拖拉机或联合收割机的前进速度，确保玉米秸秆粉碎长度在 100 毫米左右，小麦或水稻秸秆粉碎长度 50 毫米左右，长度合格的碎秸秆达到 90%。若发现漏切或长秸秆过多，应进行二次秸秆粉碎作业，确保还田质量。

4）秸秆铺撒均匀

避免有的地方秸秆成堆成条，有的地方又没有秸秆。如果发现秸秆成堆或成条，应进行人工分撒，必要时还需要用圆盘耙把秸秆耙匀，以保证翻埋质量。

5）保证翻埋质量

犁耕深度应在220毫米以上，耕深不够将造成秸秆覆盖不严，还要通过翻、压、盖，消除因秸秆造成的土壤“棚架”，以免影响播种质量。土壤翻耕后需要经过整地，使地表平整、土壤细碎，必要时还需进行镇压，达到播种要求。整地多用旋耕机、圆盘耙、镇压器等进行，深度一般为100毫米左右，过深时土壤中的秸秆翻出较多，过浅时达不到平整和碎土效果。

6）保证混埋质量

旋耕机混埋的作业深度应在150~200毫米，通过切、混、埋把秸秆进一步切碎并与土壤充分混合，埋入土中。旋耕一遍效果达不到要求，地表还有较多秸秆时，应二次旋耕。旋耕后一般可以直接播种，不需要再进行整地作业。

2. 整秸秆翻埋还田技术要点

1）秸秆要顺垄铺放整齐

为了保证翻埋质量，玉米秸秆长度方向必须与犁耕方向一致，铺放均匀。

2）提高翻埋质量

犁耕深度要在300毫米以上，通过翻、压、盖，把秸秆盖严盖实，消除因秸秆造成的土壤“棚架”。耕作太浅时，作物秸秆覆盖不严，影响播种质量。

3）保证整地质量

土壤深耕后需要经过整地才能达到播种要求，整地多用旋耕机、圆盘耙、镇压器等进行，其深度一般为100~120毫米，过深时土壤中的秸秆翻出得较多，过浅时达不到平整和碎土效果。为避免土壤“棚架”，一般应采用“V”形镇压器等进行专门的镇压作业。

3. 根茬翻埋还田技术要点

1）合理确定根茬高度

根茬还田适用于需要秸秆作为饲料、燃料和原料的地区，在这些地区，秸秆还田与其他用途经常出现矛盾，应协调好秸秆还田与其他用途的关系。饲料、燃料和原料是需要的，而且有直接经济效益。但是，应该认识到秸秆还田并不是可有可无，而是必须的，农业要持续发展，必须有一定数量的秸秆还田补充土壤有机质。根茬还田并不是一种理想的做法，而是一种协调的结果。有的地区把根茬留得很低，甚至紧贴地表收割，结果根本起不到还田的作用。把一部分秸秆还回到地里，短期看少了些饲料、燃料和原料，但长远看，土地肥沃了、生态环境好了，产量更高，秸秆更多，饲料、燃料和原料才能够充裕。从还田的需要出发，一般小麦秸秆留茬不得低于200毫米，玉米不得低于300毫米。秸秆还田机和联合收割机控制根茬高度的方法与碎秸秆翻埋还田相同。

2）保证翻埋质量

犁耕深度要在220毫米以上，通过翻、压、盖，把秸秆盖严盖实，消除因秸秆造成的土壤“棚架”。土壤翻耕后需要整地，使地表平整、土壤细碎，必要时还需进行镇压，达到播种要求。整地多用旋耕机、圆盘耙、镇压器等进行，其深度一般为100毫米左右。

3）保证混埋质量

旋耕机混埋的作业深度应在150毫米以上，通过切、混、翻转把秸秆与土壤充分混合，埋入土中。玉米根茬比较坚硬，有些地方先用缺口圆盘耙耙一遍，再进行旋耕，效果较好。旋耕后可以直接播种，一般不需要再整地。

4. 秸秆翻埋还田技术注意事项

1）注意人身安全

秸秆还田机上有多组转速很高（每分钟1 000多转）的刀片，如果刀片松动或者破碎甩出来，安全防护罩又不完整，就可能危及人身安全。因此，操作者必须有合法的拖拉机驾驶资格，要认真阅读产品说明书，了解秸秆还田机操作规程、使用特点、注意事项后方可操作。

2）作业前

要对地面及作物情况进行调查，平整地头的垄沟（避免万向节损坏），清除田间大石块（避免损坏刀片及伤人）；要检查秸秆还田机技术状态，刀片固定是否牢固，防护罩是否完整，可将动力与机具挂接；接合动力输出轴，慢速转动1~2分钟，检查刀片是否松动，是否有异常响声，与罩壳是否有剐蹭；调整秸秆还田机，保持机器左右水平和前后水平。

3）作业中

起步前，将还田机提升到一定的高度，一般150~200毫米，由慢到快转动。注意机组四周是否有人，确认无人时，发出起步信号，挂上工作挡，缓缓松开离合器，操纵拖拉机或联合收割机调节手柄，使机器在前进中逐步降到所要求的留茬高度，然后加足油门，开始正常作业。及时清理缠草，清除缠草或排除故障必须停机进行。作业中有异常响声时，应停车检查，排除故障后方可继续作业。严禁在机具运转情况下检查机具。作业时严禁带负荷转弯或倒退，严禁靠近或跟踪机器，以免抛出的杂物伤人。转移地块时，必须停止刀轴旋转。

4）作业后

及时清除刀片护罩内壁和侧板内壁上的泥土层，以防增大负荷和加剧刀片磨损。刀片磨损必须更换时，要注意保持刀轴的平衡。个别更换时要尽量对称更换，大量更换时要将刀片按重量分级，同一重量的刀片才可装在同一根轴上，保持机具动平衡。

5）秸秆还田是否多施氮肥的问题

秸秆腐解过程中要消耗氮素，然而腐解后又会释放氮素。因此，如土壤较肥，或已经施用氮肥，可不必再增施氮肥。但如土壤比较贫瘠，开始实施秸秆还田的1～2年内，可增施适量氮肥，加快秸秆腐解，防止发生与后茬作物争肥的矛盾。

6）旋耕混埋作业早进行

旋耕混埋还田作业需要在播种前一周进行，使土壤有回实的时间，提高播种质量。水田区的稻秆或麦秆要用水泡田，将秸秆和土壤泡软，再进行混埋。

二、秸秆间接还田

秸秆间接还田技术是一种传统的积肥方式，将农作物秸秆堆腐沤制，或经畜禽过腹后的粪尿，或经沼气池气化后形成的废渣作为肥料的还田方式。

（一）秸秆腐熟还田

秸秆腐熟还田技术是指在秸秆中加入动物粪尿、微生物菌剂、化学调理剂等物质后，经人工堆积发酵成有机肥料的一种还田技术，具有改良土壤、培肥地力、保护环境等良好作用，是利用废弃农作物秸秆的有效措施。

该利用模式适用于降水量较丰富、积温较高的地区，种植制度为早稻—晚稻、小麦—水稻、油菜—水稻的农作地区。具体操作方法：在油菜收割后，将秸秆均匀地铺在田里，然后把秸秆腐熟剂按 1 包/亩的量均匀地撒在秸秆表面，按说明书使用。每亩再加 20 千克尿素，灌水、浸泡 4~5 天，然后深翻耕，即可移栽水稻秧苗。该利用模式的优点是可增加土壤有益微生物的种群数量和秸秆腐解需要的各种酶类，缩短秸秆腐熟时间；还能增加土壤养分，改良土壤结构，提高化肥利用率。缺点是不适用于缺水的山垄田和旱地。

（二）堆沤发酵还田

堆沤发酵还田是将农作物秸秆制成堆肥、沤肥等，经发酵后施入土壤。其技术要点：在农作物成熟收获后，将农作物秸秆就近运到田地边或废弃地；堆制场地四周起土 40 厘米以上，堆底压平、拍实，防止跑水；每 100 千克秸秆加入尿素 2 千克、微生物菌剂 0.8 千克，或加入 50 千克的人畜粪尿；将秸秆按同方向堆砌，一般宽 1.5~2.0 米，高 1.0~1.2 米，长度不限；堆积 50 厘米时浇足水，使秸秆含水量达到 65%~68%，料面撒适量尿素和微生物菌剂，再堆砌秸秆 50 厘米，按同样方法撒尿素和微生物菌剂，一般堆 3~4 层为宜，最后用黄泥封严；经高温堆沤发酵，可使秸秆腐熟时间提早 18~20 天。经堆沤后再均匀地施入农田。

该利用模式的优点是将秸秆与人畜粪尿等有机物质经过

堆沤腐熟，不仅产生大量腐殖质，而且产生多种可以供农作物吸收利用的营养物质，如有效态氮、磷、钾等，可生产高品质的商品有机肥；同时，通过高温堆沤发酵，能杀死大部分秸秆本身带有的病菌，有效防止植物病害的蔓延。缺点是操作过程相对烦琐，人工投入较多。

（三）沼渣和沼液还田

将农作物秸秆以及人畜粪尿在厌氧条件下发酵产生出以甲烷为主要成分的可燃气体就是沼气，沼气发酵后的沼渣和沼液称为沼肥。它是在密闭的发酵池内发酵沤制的，水溶性大，养分损失少，虫卵病菌少，具有营养元素齐全、肥效高、品质优等特点，可以作为一种廉价、优质的高效肥料使用，是无公害农业生产的理想用肥。

沼肥除了含有丰富的氮、磷、钾等元素外，还含有对农作物生长起重要作用的硼、铜、铁、锰、钙、锌等微量元素，以及大量的有机质、多种氨基酸和维生素等，而且重金属含量低。施用沼肥，不仅能显著地改良土壤，确保农作物生长所需的良好微生态环境，还有利于增强其抗冻、抗旱能力，减少病虫害。

1. 沼渣施肥

沼渣作为有机肥料用于果树，产果率增加，果形美观，商品价值高，可以减轻果树病虫害，降低成本，经济效益显著。完全用沼肥种出的果树，可生产无害绿色的水果。在冬季将沼渣与秸秆、麸饼、土混合堆沤腐熟后，分层埋入树冠滴水线施肥沟内。长势差的重施，长势好的轻施；衰老的树重施，幼壮树轻施；着果多的重施，着果少的轻施。推荐用量为：幼树每株 4~8 千克；挂果树每株施入沼渣 50 千克或沼液 100 千克左右。

沼渣种菜，可提高抗病虫害能力，减少农药和化肥的使用，提高蔬菜品质，避免污染，是发展无公害蔬菜的一条有效途径。用作基肥时，视蔬菜品种不同，每亩用 1 500~3 000 千克，在翻耕时撒入，也可在移栽前采用条施或穴施。作追肥时，每亩用量是 1 500~3 000千克，施肥时先在作物旁边开沟或挖穴，施肥后立即覆土。

2. 沼液施肥

沼液是一种溶肥性质的液体，其中不仅含有较丰富的可溶性无机盐类，同时还含有多种沼气发酵的生化产物，具有易被作物吸收及营养、抗逆等特点。使用沼液喷洒植株，可起到杀虫抑菌的作用，减少农药使用量，降低农药残留。

在果园施用沼液时，一定要用清水稀释 2~3 倍后使用，以防浓度过高而烧伤根系。幼树施肥，可在生长期（3—8 月）之间施沼液。方法是：在树冠滴水线挖浅沟浇施，每株 5 千克，取出沼液稀释后浇施或浇施沼液后再用适量清水稀释，以免烧伤根系。每隔 15 天或 30 天浇施一次沼液肥。

沼液用作蔬菜追肥，在蔬菜生长期间，可随时淋施或叶面喷施。淋施每亩 1 500~3 000千克，施肥宜在清晨或傍晚进行，阳光强烈和盛夏中午不宜施肥，以免肥分散失和灼伤蔬菜叶面及根系。作叶面追肥喷施时，沼液宜先澄清过滤，用量以喷至叶面布满细微雾点而不流淌为宜。要注意炎夏中午不宜喷施，雨天不宜喷施。

（四）过腹还田

过腹还田是利用秸秆饲喂牛、猪、羊等牲畜，经消化吸收变成粪、尿，以粪尿施入土壤还田。但是，这些生粪不能直接用作肥料，必须经过微生物分解，也就是腐熟处理。常用的腐熟方法是高温堆肥：将粪便取出，集中堆积在平坦的场地上。堆起的高度一般以 1.5~2 米为好。在堆放过程中不要踩实，应有足够的通气空间，有助于微生物活动。堆好后，通常 2~3 个月肥料就腐熟好了。如果不急于使用，最好将肥料再翻打一次，使其内外腐熟一致。如有条件，可用塑料布将腐熟的肥料盖起来，以防雨水的渗入而影响肥料的质量。腐熟后的粪便会和以前有明显的差别，从颜色上看，腐熟的粪便要比生粪颜色更深；从气味上没有了圈肥难闻的臭味，而且不招苍蝇；从性状上看，生粪比较粗糙，而腐熟好的看上去更加松软，呈粉末状。粪便经过高温沤制，变成了养分均衡的有机肥。但有机肥养分含量低、肥效长，通常是作为底肥施用，有改良土壤性质的作用。

第二节　绿肥种植与利用技术

绿肥指直接翻埋或经堆沤后作肥料施用的绿色植物体。种植绿肥可增加土壤有机质含量，改善土壤团粒结构和理化性状，提高土壤自身调节水、肥、气、热的能力，形成良好的作物生长环境。推广绿肥种植技术，主要利用秋闲田和冬闲田进行绿肥与粮食作物轮作或间作，通过将绿肥翻压还田，使土壤地力得到维持和提高。绿肥品种一般分为豆科和非豆科两大类。

一、豆科绿肥种植技术

豆科绿肥品种多、栽培面积大，不仅可以作为优良的肥料，还可以作为优质青饲料。豆科绿肥能够进行生物固氮，可为农作物提供氮元素营养，这对提高作物产量、促进农业发展具有重要的作用。

（一）柽麻

柽麻又称太阳麻、菽麻、印度麻，是豆科野百合属植物。柽麻原产于热带和亚热带地区，适种范围较广，在我国陕西、河南、安徽、湖北、江苏等地广泛种植。柽麻苗期生长比较快，产草量高，是优良的速生绿肥品种之一，可以在各种茬口上进行间种、套种。

柽麻茎秆的韧皮组织坚韧、纤维含量高，碳氮比高于一般的豆科植物。根据全国有机肥料品质分级标准，柽麻属于二级有机肥。

柽麻初花期草质较柔软，适宜收割作饲料用，在西北、华中地区很多地方有用柽麻茎叶喂牲畜的习惯。柽麻饲料成分与草木犀、紫花苜蓿相似。柽麻的嫩枝叶可作为肥料、饲料，茎秆可用于剥麻。

柽麻喜温暖湿润气候，在 12~40 ℃时均能生长，不耐渍，种子的最低发芽温度为 12 ℃，最适发芽温度为 20~30 ℃。柽麻对土壤的适应范围较广，能耐寒、耐贫瘠、耐酸和碱，宜在 pH 值为 4.5~9.0、含盐量小于 0.3%、排水良好的砂质土壤中生长。

柽麻的全生育期在4个月以上，分早熟、中熟、晚熟3个类型，北方多种早熟型，南方多种晚熟型。柽麻可以春播、夏播或秋播，播种量为3~5千克/亩。春播、秋播和土质黏重的土地要适量多播，夏播和砂质土地可少播，若作绿肥用要多播，留种用宜少播。留种用的柽麻要适时播种，华南地区可在6月中上旬播种，安徽、江苏及华中一带在5月中下旬播种，以利于避开豆荚螟为害。为减少枯萎病为害，播前可用58 ℃温水或0.3%甲醛溶液浸种30分钟。柽麻对磷肥的需要量较大，一般每亩用50千克磷肥作基肥，有利于提高产量。

柽麻的主要病害是枯萎病，主要虫害是豆荚螟，一年可发生4~5代，应及时防治。同时要适时割青、打顶，保证营养集中供应，注意调节养分和水分，减少落花、落蕾、落荚的发生。

柽麻适合在多茬口套种、间种和短期播种。柽麻在棉田套种可作为棉花桃期肥料；在麦后或早稻后茬口增种柽麻可作为晚稻或小麦底肥；在果园、桑园、茶园种植柽麻，可以增肥和遮阳。

柽麻出土1周后就可以形成根瘤。单株最大氮、磷积累高峰在花期到初荚期，钾累积量在花期到盛荚期最多，适时收割压青有利于提高肥效。

柽麻生长快、生育期短、花期长、根量较大，一年可收草2~3次。柽麻纤维多、较难腐烂，作稻田绿肥用时宜在插秧前30天截短后压青，每亩压青750千克左右，一般可使水稻增产30~40千克/亩。

（二）紫云英

紫云英又称红花草、莲花草、燕子花，是豆科黄芪属一年生或越年生草本植物。紫云英原产于我国，早在明清时期就有种植。紫云英具有耐湿、耐迟播、生育期短、产量高、草质好、花期长等特点，不仅是主要的冬季绿肥作物，也是重要的饲料和蜜源作物。紫云英养分丰富，特别是氮元素含量较高，是肥饲兼用的优良绿肥品种。根据全国有机肥料品质分级标准，紫云英属于二级有机肥。

紫云英喜湿润，怕渍水，较耐阴，不耐盐碱，耐瘠性较差，在含水量为24%~28%、pH值为5.5~7.5的较肥沃壤质土上生长良好。紫云英有130多个品种，生育期长短不一，因花期类型和气温而异。

紫云英以秋播为主，北方可春播，要适时早播、匀播。播种期因气候、地区、茬口安排而异。在陕西、河南、苏北、皖北地区，秋播在8月中旬至9月中上旬进行；在长江中下游地区，秋播时间为白露到秋分前，迟播的在11月上旬；两广地区的秋播时间为10月中旬至11月上旬，春播在日平均气温升到5℃以上时进行。单播的播种量为1.5~4千克/亩，迟播的播种量稍大，肥水条件好的地块的播种量适当减少，混播的播种量为单播的60%，留种田要适当疏播。在长江流域及南方地区，利用稻底播种，收获水稻时留30厘米以上禾茬，种子利用水稻作荫蔽，吸水萌发，可延长生长期，提高产量。在双季稻地区，也可采取耕田迟播方法，即收晚稻后再犁田播紫云英，注意加盖稻草保湿，或与小麦、油菜、蚕豆等混播，这样可提高水稻产量，解决紫云英立苗困难、生长不良等问题，也有利于改善土壤理化性状；紫云英种子蜡质多，播前要用沙子擦种，以利于种子的萌发；在新植区应拌根瘤菌，在基肥中增施磷、钾肥。

水分是紫云英增产的关键因素，要开好排水沟，做到湿田发芽、润田出叶、渍水浸芽、避免连作，以减轻病虫害。留种田最好连片种植，宜选择排灌方便、肥力中等以上的田块。有条件的地方，可选旱地留种。注意防治菌核病、白粉病、轮纹斑病和蚜虫、蓟马、潜叶蝇、地老虎等。

紫云英种子播后半个月，根瘤变成粉红色，则说明具有固氮能力。紫云英返青后固氮能力急速增加，一直增加到初花期，以后呈下降趋势。因此，紫云英盛花期含氮量最高，是翻沤的最佳时期，一般在插秧前 20 天左右翻压，压青量为 1 000~1 500千克/亩。对于生长较好的紫云英，可在枝茎叶伸长期收割一次青草作饲料，收割高度以离地面 3~4 厘米为宜，收割后花期和成熟期一般推迟 5 天左右，因此，宜选用早发性好、再生力强的品种。紫云英与禾本科植物秸秆和化肥配合施用，有利于积累土壤有机质、提高化肥利用率。

（三）苜蓿

苜蓿是多年生豆科植物。苜蓿是古老的牧草绿肥作物，有“牧草之王”的美誉，原产于中亚细亚高原干燥地区。我国是世界上种植苜蓿较早的国家，汉朝使节张骞出使西域归国时将苜蓿种子带回我国，种于长安（西安的古称）。以后苜蓿普及到黄河流域以及西北、华北、东北等较干燥的地方，在淮河以南地区有零星分布。

苜蓿生长年限为 10~20 年，初产期在播种后的 2~4 年，盛产期可达 6~7 年。苜蓿在盛产期的鲜草产量为 3 000~6 500 千克/亩，种子产量约为 50 千克/亩，是有重要价值的牧草绿肥作物。

苜蓿鲜草、干草可作为牧草、饲草。苜蓿花期长，是我国主要的蜜源植物之一。苜蓿对一些以土为传播媒介的病菌有抑制作用，如棉花枯萎病菌一般在土壤中能存活几十年，但只要连续 3 年种植苜蓿后再倒茬种棉花，就可以大大地降低枯萎病的发病率。

苜蓿喜温、抗寒、耐旱、不耐渍，种子发芽的温度不能低于5 ℃。幼苗能耐-6 ℃的低温，植株能耐-30 ℃的低温。苜蓿耗水量大，且根系发达，可以从土壤深层吸取水分，因此，苜蓿具有很强的抗旱能力，可在年降水量为 200~300 毫米的地区生长。苜蓿的适宜年降水量为 650~900 毫米，雨水过大会造成生长不良。苜蓿对土壤条件要求不严格，在含盐量 0. 3%以下、pH 值为 6. 5~8. 0 的钙质土壤中能很好地生长。

苜蓿种子在播种前需进行碾磨，使种皮破裂，以利于吸水。苜蓿的播种期较宽，各地时间不一，但有几点需要注意：春季播种时要注意防旱；夏季播种时要防止杂草对苜蓿产生影响；秋季播种时宜早不宜迟，保证出苗整齐，使株高为 10~15 厘米，则可以安全过冬。苜蓿种子成苗率只有 50%左右，播种量点播时为 0. 25 千克/亩，条播时为 0. 75 千克/亩，撒播时播种量要增加到 1 千克/亩。苜蓿苗期生长缓慢，最好与其他作物间播、套播、混播，利用前作荫蔽条件度过苗期。在播种前接种根瘤菌、拌施钼肥，有利于苜蓿根系结瘤，施用磷肥可使其增产效果持续 2~3 年。草质好、产量高的初花期是苜蓿收割的最佳时期，收割时间宜早不宜迟，要保证苜蓿在越冬前生长到 10 厘米以上。

苜蓿作为绿肥压青时产量一般为 500~750 千克/亩，产量高的地块还可以收割一部分苜蓿茎叶用于异地还田或作为饲料。

苜蓿的根系发达，可以显著地改善土壤的物理性状，播种的当年每亩鲜根产量可达 150 千克，3~5 年后每亩鲜根产量可达 3 000千克。因此，苜蓿可作为重要的轮作倒茬养地作物和水土保持作物。

（四）箭筈豌豆

箭筈豌豆又称大巢菜、野豌豆，是豆科巢菜属一年生或越年生草本植物。箭筈豌豆原产于欧洲及西亚，栽培历史悠久。因其适应性强，箭筈豌豆广泛分布于世界温暖地区，在南北纬 30°~40°分布较多。

箭筈豌豆和苕子同属，但箭筈豌豆鲜草中氮、磷、钾及各种中量元素和微量元素含量均比苕子要高，干物质中养分含量比紫云英稍低。根据全国有机肥料品质分级标准，箭筈豌豆属于二级有机肥。箭筈豌豆具有迟播丰收、刈割性好等特点，是粮肥多用的绿肥品种。箭筈豌豆在北方除作绿肥外，还可以收草作饲料或收种子加工成豆制品。箭筈豌豆白色种皮的种子可供食用，其他色型的种子含氰氢酸，必须经过处理，使其含量达到国家安全标准才可食用，否则对人畜有害。去毒的办法有浸泡稀释法和加热煮熟法，浸泡时间根据水和种子的比例而不同，一般为 6~72 小时。

箭筈豌豆喜凉，抗冰雹，耐寒、耐贫瘠，不耐湿、不耐盐渍。种子发芽最低温度为 4 ℃，最适温度为 20~25 ℃，日均温度大于 25 ℃时生长受抑制；能耐受短暂霜冻，在-8~-7 ℃时开始枯萎，适宜在 pH 值为 6.5~8.5 的土壤上种植。

箭筈豌豆具有陆续开花结荚的特点。开花适宜温度因品种而异，一般为 15~17 ℃。花后 3 天左右结荚，结荚到成熟需 28~40 天，结荚率高达 75%，以单荚为主。

按生育期不同，箭筈豌豆可分为早熟型、中熟型和晚熟型。在长江以南地区，多选用早熟型、中熟型品种。

箭筈豌豆耐寒喜凉，适宜于在年平均气温 6~22 ℃的地区种植。在淮河流域、皖北、苏北地区，多推广耐寒的品种；北方及西北一带因复种指数低，一般推广生育期稍长、耐旱、耐寒、耐阴的品种。其播种期较长，南方多在秋、冬季播种，北方多在夏季播种，长江中下游地区秋播一般在 9 月下旬至 10 月上旬，靠南的地区可适当延长至 11 月上旬；江淮一带春播在 2 月下旬至 3 月初；北方地区春播通常在 3 月初至 4 月上旬。留种用的箭筈豌豆播种量为 1.5~2 千克/亩，收草、作绿肥用的箭筈豌豆播种量为 3~6 千克/亩。箭筈豌豆可以单播也可以与主作物间播、套播、混播。箭筈豌豆在平原地区多作短期绿肥，在荒地与其他作物以水平带状间作、套作。在南方稻区多与中、晚稻套种或收稻后翻田迟播。播种时最好先整地，注意防旱、防渍、增施磷肥。箭筈豌豆在旱地留种比在水田留种好，要注意设立高秆作物，以利于其攀缘结荚，当有 80%~85%种子变黄时即可收获。箭筈豌豆的病虫害较少，常见的虫害有蚜虫。

箭筈豌豆根瘤多且结瘤早，在 2~3 片真叶时就能形成根瘤，苗期就具有固氮能力。固氮高峰期因播期不同而异，秋播的在返青期，春播的在伸长期。箭筈豌豆花蕾期的固氮能力明显下降，花期的根瘤自然衰老，作绿肥用最佳时期为花期至青荚期。箭筈豌豆播后 70 多天每亩可收鲜草 400~600 千克，整个生育期每亩可收鲜草 1 000~2 000千克、种子 30~80 千克。箭筈豌豆具有迟播丰收的特点，便于多熟制地区作物茬口的安排，也是干旱地区有价值的肥饲兼用绿肥作物。

（五）田菁

田菁又称咸菁、涝豆、花香、柴籽、青籽，是豆科田菁属一年生或多年生草本植物。田菁原产于印度一带，广泛分布在东半球的热带、亚热带地区。田菁属植物有 50 多种，我国栽培较多的是普通田菁。由于田菁株型高大，不适合作稻田绿肥种植，目前主要用于改良盐碱地和兼作工业原料，主要分布在河南、山东、江苏、河北等省。

田菁具有固氮能力强、生育期短、产量高、耐盐碱、耐涝渍等特点。田菁的鲜草折干率高，鲜草含干物质将近 30%。田菁干草中养分含量不算高，但鲜草含氮量较高。根据全国有机肥料品质分级标准，田菁属于三级有机肥。

田菁喜高温、喜湿、喜光、耐旱。种子发芽的适宜温度为 15~25 ℃，温度低于 12 ℃时不发芽，20~30 ℃时生长速度最快，种子发芽吸水量是种子重量的 1.2~1.5 倍；田菁苗期不耐旱、不耐涝，随着根系伸长，三叶期时，根茎外产生海绵组织并长出水生根，使其有较好的抗旱耐涝能力。田菁适宜在 pH 值为 5.5~7.5、含盐率小于 0.5%的土壤上种植。

田菁按其生育期的长短，可分为早熟型、中熟型、晚熟型。早熟型植株矮小、紧凑，在华南地区全生育期为100天左右；中熟型田菁分布于西南地区，全生育期为130天左右；晚熟型植株高大，株高2~3米，分枝多，全生育期在150天以上，产量也随生育期的增加而增加，少则1 000~2 000千克/亩，多则可达4 000千克/亩，种子产量也随之增加。

根据田菁的用途可确定其播种时期和播种量。若作留种用，多为春播，一般在4月中下旬播种，争取早播早出苗，增加种子产量；作绿肥用时播种期在6月中旬。作留种用时每亩播种量为2千克，作绿肥用时播种量要多一些。田菁主要有以下几种种植方式：田菁可作为改良盐碱土壤的先锋作物，如江苏沿海地区，在春繁细绿萍田内寄种田菁，建立地面植被覆盖，抑制返盐，再确保田菁全苗，入秋后采用浅耕、免耕、混播冬绿肥，经过二旱一水的绿肥种植，再过渡到粮、棉、绿肥间作套作耕作制，起到改良盐碱地的作用；利用夏闲地、荒地、沟渠路边种植田菁，作为秋播作物的基肥，如四川的稻—田菁—麦（油菜）和麦—田菁—稻耕作制，或秋季在冬水田增种田菁；在主作物当季或两季作物的空隙间进行间作、套作或移栽田菁，作为共生粮食作物（如玉米、水稻等）的追肥或后季作物的基肥。

田菁种子含蜡质，种皮厚，不易吸水，播前必须对种子进行处理。可用开水2份、凉水1份混合后浸种3小时，或用60 ℃的热水浸泡种子20分钟，然后用凉水浸泡24小时，在草包中催芽，待种子露白后播种。或在播种前晒种，并将种子拌入少量谷壳、河沙，放入碓窝内捣15分钟，用凉水浸4~8小时，再用泥浆拌磷、钾肥裹种。田菁的耐盐能力有限，在盐碱地上种植田菁，特别是苗期，仍然要注意合理灌水、开沟，以减轻盐害，获得全苗。田菁属于无限花序植物，种子成熟期不一致，采用打顶和打边心的措施，可控制植株养分分布，使养分相对集中，种子成熟趋于一致。

蚜虫是为害田菁的主要害虫之一，一年可发生几代，在干旱的气候条件下虫害较严重；在南方田菁易受斜纹夜蛾为害；卷叶虫害多发生在花期或生育后期；在南方7—8月易感染疮痂病，应及时防治。寄生于田菁的有害植物菟丝子，严重发生时影响田菁生长，一旦发现，应及时将被害植株整株剔除，以防菟丝子蔓延。

田菁的刈割性好，再生能力强，春播的一年可收割2~3次，第一次在6月底，第二次在8月。收割时留茬高度以0.3~0.5米为宜，收割后薄施追肥有利于再发新枝。田菁根量大，在田菁旺长期，耕层土壤水解氮含量比不种田菁的增加25%，可见田菁对改善土壤理化性状、保持和提高土壤肥力都有明显效果。田菁含纤维量较其他豆科作物多，碳氮比也较高，但仍然较易分解，翻压后1个月左右氮元素养分出现第一个释放高峰，若作小麦基肥，冬前可减少氮元素化肥用量。在小麦拔节期需合理施用适量氮元素化肥，才能满足小麦后期需要。资料显示，第一茬小麦对田菁的氮元素利用率为26%，第二茬小麦对氮元素利用率为8.8%，余下部分氮元素多数残留于土壤中，对保持土壤肥力有较好的作用。

田菁枝叶繁茂，覆盖度大，可减少地表水分蒸发，在盐碱地种植的田菁根系发达。土壤疏松也有利于盐分的淋溶。田菁棵间蒸发量仅为空旷地的31%，棵间土壤渗透系数为空旷地的 1.7 倍。在种植田菁后，10~20 厘米深处的土层中盐分含量下降 10%~15%。

（六）苕子

苕子是豆科巢菜属多种苕子的总称，为一年生或越年生草本植物，其栽培面积仅次于紫云英和草木犀。苕子植株中比紫云英含有更多的磷和钾。根据全国有机肥料品质分级标准，苕子属于二级有机肥。苕子的枝叶柔嫩，营养丰富，嫩苗可作蔬菜食用，茎叶可作青饲料，茎叶晒干粉碎后可作干贮饲料。

苕子种类较多，主要有三大类：蓝花苕子、毛叶苕子、光叶苕子，各类苕子在特征、特性、产量上有较大差异。

蓝花苕子，又名蓝花草、草藤、肥田草、苦豆，原产于我国，主要分布在长江以南雨量充沛的西南、华南一带。蓝花苕子具有耐温、耐湿、抗病性强、生育期短、产量稳定等特点，鲜草产量为 1 800千克/亩左右。

毛叶苕子，又名毛叶紫花苕、茸毛苕、毛茸菜、假扁豆。毛叶苕子具有耐寒、耐瘠、再生能力强、鲜草产量较高等特点，主要分布在黄河、淮河流域，分为早熟种、中熟种、晚熟种，鲜草产量为 3 000千克/亩左右。

光叶苕子，又名光叶紫花苕子、稀毛苕子、野豌豆。光叶苕子具有根系发达、分枝多等特点，但抗逆性较差，一般应用较多的是一些早熟品种。光叶苕子在云南、贵州、四川三省及鲁南山区栽培较多，鲜草产量为 2 000千克/亩左右。

苕子是冬性作物，喜温、耐湿，有一定耐寒、耐旱能力。种子发芽的最适温度为 20 ℃，生长的适宜温度为 10~17 ℃，

15~23 ℃的条件有利于开花结荚。苕子花多、荚少，落花、落荚的情况严重，成荚数只有开花数的10%左右，尤以光叶苕子的成荚率最低。毛叶苕子和光叶苕子可在pH值为4.5~9.0的土壤上生长，适宜生长pH值为5.0~8.5。蓝花苕子对土壤的适应性较光叶苕子差。光叶苕子较耐旱，但当土壤含水率低于10%时，会出现出苗困难现象，含水率为20%~30%时生长较好，含水率大于35%时会引起渍害。蓝花苕子的耐湿性高于毛叶苕子，土壤含水量占田间持水量的60%~70%时生长良好，土壤含水量大于田间持水量80%时会产生渍害。

苕子可单种也可混播，旱地留种播种量为1.5~2千克/亩，水田播种量为3千克/亩左右；作绿肥用的苕子，播种量适当加大，一般为5千克/亩；南方秋播的播种量宜少，北方春播的播种量适当加大。长江流域以南播种期为10月上旬，南方地区可在11月上旬播种，黄淮海一带宜在8月中旬至9月上旬播种，陕西一带在7月下旬至8月中旬播种，西北地区春播在4—5月。播种时要拌根瘤菌并施磷肥，苕子与蚕豆、豌豆同属，种过蚕豆、豌豆的田块可不用拌根瘤菌。

苕子的耐酸性、耐盐碱性、耐旱性、耐瘠性稍强于紫云英，耐湿性比紫云英弱。在开花结荚期，必须有干燥天气，苕子才能正常结籽。苕子的生育期比紫云英长，成熟晚，春播往往不能结籽。苕子喜湿怕渍，花期多遇阴雨天气，因此落花、落荚严重，种子产量低而不稳定。留种田块宜选地势较高、排灌条件较好的田地。注意适时早播、稀播，设立支架作物，避免重作，以减少病虫害；还要防治叶斑病、轮纹斑病、白粉病及蚜虫、潜叶蝇、蓟马、苕蛆等病虫害。

秋播苕子草、种产量比春播苕子高，其茎叶产量与根产量之比为3.5：1左右，若以鲜草产量为2 000千克/亩计，每亩苕子残留在土壤中的鲜根量约为550千克。苕子在生长期间有向土壤中溢氮的现象。在苕子根茬地种植作物有明显的增产效果。

苕子花期的肥饲价值较高，是收获的最佳时期。苕子用作稻田绿肥时，一般在水稻插秧前20天左右压青，每亩压青量为1 000~2 000千克。苕子植株的碳氮比低，易分解，不少地方将苕子与小麦或其他禾本科绿肥混播，或在稻田中留高禾茬播种，用于调节碳氮比，以利于土壤中有机质的积累。

二、非豆科绿肥种植技术

（一）油菜

油菜是十字花科芸薹属一年生或越年生作物，有若干个品种。因其类型不同，而有不同的名称，如白菜型的称作甜油菜、白油菜、油菜白，芥菜型的称作辣油菜、苦油菜、麻菜、臭油菜、高油菜、大油菜。

我国种植油菜有2 000多年的历史。现在油菜作为油料作物已经在南北方广泛种植，全国可分为冬油菜区和春油菜区。冬油菜区主要在长江流域及其以南各省区，主要分布在四川、贵州、江苏、浙江、安徽、湖南、湖北、江西、云南等地，种植面积约占全国油菜种植面积的90%。春油菜区主要是西北及华北地区，包括青海、西藏、新疆、内蒙古、甘肃等地，种植面积占全国油菜种植面积的10%左右。

油菜中氮含量比紫云英稍低，但磷、钾含量较高。根据全国有机肥料品质分级标准，油菜茎叶属于二级有机肥。500千克油菜种子可产油 30~35 千克，产油菜饼 65~70 千克，油菜饼是优质的有机肥料。

油菜喜温暖湿润气候，种子无休眠期，发芽适宜温度为16~20 ℃，最低温度为 2~3 ℃；最适土壤含水量为田间持水量的 30%~35%。在适宜条件下，播种 3~4 天可出苗。当日平均温度为 12 ℃时，7~8 天可出苗。油菜在土壤 pH 值为 6.5~7.5 的砂土、壤土或黏壤土上生长发育最好。多数油菜品种的抗病虫力弱，尤其是白菜型。

油菜可直接播种，也可育苗移栽，用作绿肥的多为直播。在直播中，是单播还是间种、套种、混种，因其使用目的不同而异。单播时需要整地后播种。整地时要保证土面细碎平整，沟畦分明，排水沟、管理道畅通；播种方式有点播、条播和撒播。沤青的油菜，每亩播种量为 0.25~0.3 千克，播后需用农家肥、碎土覆盖 1~2 厘米厚。间作、混作、套作方式在南北方各有不同，南方常与红花草、苕子等混作，华北采用油菜与小麦、玉米、棉花间作或套作。间作、套作的油菜，每亩可收获油菜青体 1 000~ 1 500千克，适宜间种、套种的品种和类型为产量高、植株大、生长快的甘蓝型或白菜型油菜。

油菜栽培管理有 3 个关键技术：施肥、排灌和防治病虫害。油菜全生育期需肥最多的时期为苗期和抽薹开花期，该时期氮、磷、钾吸收量占全部吸收量的 45%，因此，应注意苗期和抽薹期的施肥。北方少雨地区及南方苗期应注意防旱、保墒，南方抽薹后期要防涝。油菜的主要病害有菌核病、霜霉病、白锈病和病毒病，主要虫害有蚜虫、菜青虫、潜叶蝇和跳甲等。

作为绿肥，油菜的最大特点是有一定的活化和富集土壤养分的能力，特别是有一定的解磷能力，油菜曾作为缺磷的指示植物。油菜青体产量因播种方式、栽培水平不同而异。单播的油菜，每亩产量为2 000~3 000千克；间种、套种的油菜，甘蓝型油菜产量为1 500~2 000千克，白菜型油菜产量为1 000~1 500千克，芥菜型油菜产量为800~1 300千克。一般每亩油菜的压青量为1 500千克，在插植水稻前20天左右翻压。据试验，在早稻田种油菜压青时比冬闲田增产9.5%左右，而且具有后效，晚稻田地比对照增产3.3%；玉米后期套种油菜时，下茬小麦平均增产15.2%；棉花间种、套种油菜时，籽棉平均增产13.1%。

（二）水葫芦

水葫芦是雨久花科凤眼莲属多年生水生草本植物，又名凤眼莲、水荷花、水绣花、野荷花、洋水仙。水葫芦原产于南美洲，在我国首先见于珠江流域，生长在河港、池沼、湖泊和水田中，后来在全国大部分地区都有种植。水葫芦的适应性强、繁殖快、产量高，一般每亩年产鲜体25~40吨，高的可达50吨。作为绿肥，水葫芦生长迅速，有较强的富肥性。水葫芦生长茂盛时，每亩每天从水中吸收氮3千克、磷0.6千克、钾2.5千克。水葫芦含钾量较高。根据全国有机肥料品质分级标准，水葫芦属于二级有机肥。水葫芦还具有富集重金属能力，有不少单位在废水面上放养水葫芦，用于净化水质。水葫芦还具有净化有毒物质酚、铬、镉、铅的作用，是砷中毒的指示植物。水葫芦还是较好的青饲料和沼气原料植物，是肥饲兼用的优良绿肥品种。

水葫芦喜温暖多湿的环境，在0~40 ℃的范围内均能生长，适宜的生长温度为25~32 ℃，35 ℃以上时生长缓慢，40 ℃时生长受抑制，43 ℃以上时就会死亡。水葫芦也耐冷，1~5 ℃时能正常越冬；0 ℃以下遭霜冻后，叶片枯萎，但短期内茎、根、腋芽尚可保持活力。水葫芦耐肥、耐贫瘠，适应性强，但以水深0.3~1米、水质肥沃、水流缓慢等条件为宜。水葫芦喜光，也能耐阴。

周年连续生长的水葫芦，其管理措施应针对不同季节和采收情况而定，冬季以防止低温冻害为主。在温度大于0 ℃的地方，可进行自然越冬；在温度小于0 ℃的地方，可采用塑料覆盖、坑床湿润、深水保苗、热水灌溉等措施。

春季，当温度稳定在13 ℃以上时开始放养水葫芦，为加快繁殖，可建立苗地，每亩放苗4~6千克。水葫芦是草鱼的最好食料，水葫芦在鱼池中只能放养2/3的面积；采收面积为放养面积的1/4~1/3。采收时需间隔采收，以防打翻植株。

水葫芦作水稻基肥时可直接施用，也可堆肥后施用。直接压青的水葫芦，一般每亩用量为1 500~2 000千克，可增产稻谷20%。若用于旱地作物和果园压青，最好是先作沼气原料，再用沼渣作肥料。水葫芦作沼气原料比麦秸、玉米秸、稻草、牛粪、猪粪的产气量高。

（三）肥田萝卜

肥田萝卜又称满园花、茹菜、大菜、萝卜菜、菜花、苦萝卜、萝卜青，是十字花科萝卜属一年生或越年生作物。肥田萝卜在红壤、黄壤等酸性土壤上广泛种植，能与紫云英、油菜等混播。

肥田萝卜鲜草中养分含量丰富，根据全国有机肥料品质分级标准，肥田萝卜属于二级有机肥。肥田萝卜除用作绿肥外，在其幼嫩时可作为蔬菜食用，抽薹结荚前可供饲用，做成青饲或青贮均可。

肥田萝卜喜温暖湿润的环境，适应性较强，也耐旱、耐贫瘠，发芽最低温度为 4 ℃，0 ℃以下叶部易受冻害，但在春季到来后仍能恢复生长。肥田萝卜对土壤条件要求不严，在 pH 值为 4.8~7.8 的砂壤土和黏壤土上均能生长。它对难溶性磷的吸收利用能力强，能利用磷灰石中的磷。肥田萝卜苗期生长快，但再生能力弱。肥田萝卜栽培技术包括以下步骤。

①播种及管理。播前精细整地，开沟排水。肥田萝卜的适播期为 9 月下旬至 11 月中旬，过早播种易受虫害和冻害。与晚稻田套种时，在水稻收割前 10 天播种较好。播种量为 0.5~1 千克/亩，可条播、穴播和撒播，用磷肥或灰肥拌种，在春季可用少量氮肥作基肥。雨季要注意清沟理墒，以防发生根腐病而死亡。肥田萝卜的虫害有蚜虫、菜心螟等，须治小、治早。

②留种。留种田以旱田为主。留种栽培宜选用抗逆性强、产量高的品种。留种田附近最好没有或少有其他十字花科植物，选择地势较高、干燥、排水良好的田地，适期早播。播种量为 0.4~0.45 千克/亩，保持每亩有 1.5 万~2.5 万棵苗。抽薹开花期时打掉下部侧枝，促进通风透光，有利于结实。中下部果角呈黄色时即可收割、晒干、脱粒，适时迟收比早收有利于种子成熟。

肥田萝卜具有耐酸、耐瘠、生育期短，对土壤中难溶性磷、钾等养分利用能力强等特点。一般每亩产鲜草 2 000~3 000千克，在红壤、黄壤地区长期作为冬绿肥种植。肥田萝卜作稻田绿肥时应提前 1 个月翻压，并适量增施速效氮、磷肥；在旱地压青，应截短后深埋 10~15 厘米。

（四）籽粒苋

籽粒苋又称天星苋、天星米、苋菜，是苋科苋属无限花序一年生植物。籽粒苋广泛分布于我国长江流域、黄河流域、珠江流域和东北各地，在东经 83°~123°、北纬 18°~32°的地区均有种植。

一般每亩籽粒苋产种子 150~200 千克，产鲜草 8 000~15 000千克。籽粒苋鲜草折干率为 13.5%，干物质中钾含量可高达 5.51%，属于高钾绿肥品种。根据全国有机肥料品质分级标准，籽粒苋属于二级有机肥。

籽粒苋种子是有发展前途的人类主食原料。其粗蛋白质含量平均为 16%~18%，较水稻、玉米、高粱、大麦、荞麦、小麦高；蛋白质组成均衡，含有 18 种氨基酸，其中赖氨酸含量占氨基酸总量的 37.9%，亮氨酸含量低于一般谷类作物。脂肪含量为 7.5%，高于稻谷、大麦、小麦、高粱、玉米，主要成分为不饱和脂肪酸，占 70%~80%，品质与花生油、芝麻油相当。矿物质和维生素含量丰富且均衡，磷、铁、锌含量为谷物的 2 倍以上，钙含量为谷物的 10 倍，比大豆多 50%。食用籽粒苋种子食品可降低糖尿病、肥胖病的发病率，降低胆固醇，预防冠心病。籽粒苋嫩叶和幼苗茎叶是优良的蔬菜和畜、禽、鱼饲料，苗期风干物含粗蛋白质 22.69%。籽粒苋是值得开发种植的粮、饲、保健用绿肥品种。

籽粒苋原产于热带、亚热带地区，喜温湿气候，种子在14~16 ℃时发芽较快，22~24 ℃时发芽最快，温度大于36 ℃时发芽受阻。生长适宜温度为24~26 ℃，当温度小于10 ℃或大于36 ℃时生长极慢或停止。适宜在年降水量为600~800毫米的地方种植，在肥力较高、pH值为5.8~7.5的土壤上生长良好。各地应根据栽培制度、气候特点，选择合适的品种，在土壤平均温度大于14 ℃时播种，秋播时间按90天左右成熟考虑。播种方式可采用穴播或育苗移栽，以直播为佳。播种时土壤不宜过湿，每亩用种量为0.1~0.2千克，要求每亩有苗1万~1.5万株，用于收绿肥时播种量应加倍。底肥以有机肥为主，苗期应除草培土，追肥时每亩用速效氮肥2千克，以后每收割一次施肥一次。苗高8厘米左右时间苗，苗高10~15厘米时定苗，苗期需灌溉。

打主茎、留侧枝可增加种子产量。苗高约1米时在离地40厘米左右处收割。当主茎上部籽粒开始变硬、中部叶片微黄时，收获种子。作绿肥和饲料的籽粒苋，在现蕾期收割压青。

籽粒苋的主要病虫害有土蚕、蚜虫、椿象、烂根病等。

三、绿肥的利用方式

（一）直接翻耕

绿肥直接翻耕以作基肥为主，间、套种的绿肥也可就地掩埋作为主作的追肥。翻耕前最好将绿肥切短，稍经暴晒，让其萎蔫，然后翻耕。先将绿肥茎叶切成10~20厘米长，然后撒在地面或施在沟里，随后翻耕入土壤中，一般入土 10~20 厘米深，砂质土可深些，黏质土可浅些。

（二）堆沤

加强绿肥分解，提高肥效，蔬菜生产上一般不直接用绿肥翻压，而是多用绿肥作物堆沤腐熟后施用。

（三）作饲料用

绿肥绿色体中的蛋白质、脂肪、维生素和矿物质，并不是土壤中不足而必须施给的养料，绿色体中的蛋白质在没有分解之前不能被作物吸收，而这些物质却是动物所需的营养，利用家畜、家禽、家鱼等进行过腹还田后，可提高绿肥利用率。

第三节　商品有机肥生产与利用

一、什么是商品有机肥

（一）商品有机肥的概念

商品有机肥是指以畜禽粪便、动植物残体等富含有机质的副产品资源为主要原料，经发酵腐熟后制成的有机肥料。因此，绿肥、农家肥和其他农民自积自造的有机粪肥等则不属于商品有机肥料。

（二）商品有机肥料的特点

由于长期不合理使用化学肥料，有机肥数量不足且使用不均衡，造成农田养分比例失调。致使农田生态环境、土壤理化性状和土壤微生物区系受到不同程度的破坏，在一定程度上影响了农产品的安全。而商品有机肥料不仅能培肥耕地、减少农业面源污染，更能实现资源的高效利用、增强农产品市场竞争力。推广和应用商品有机肥料，对实现农业生产的可持续发展具有战略意义。

商品有机肥料是以工厂化生产为基础，以畜禽粪和有机废弃物为原料，以固态发酵为核心工艺的集约化产品。因而具有普通有机肥料和农家肥不可比拟的优点。

①商品有机肥已完全腐熟，不会发生烧根、烂苗；普通有机肥未经腐熟，使用后在土壤里发生后期腐熟，会引起烧苗现象。

②商品有机肥经高温腐熟，杀死了大部分病原菌和虫卵，减少了病虫害发生；传统有机肥未经腐熟和无害化处理过程，有可能引发土传病虫害。

③商品有机肥养分含量高；普通有机肥会发生不同程度的养分损失。

④商品有机肥经除臭，异味小。

⑤商品有机肥容易运输。

（三）商品有机肥料的种类

我国有机肥资源丰富、种类繁多。当前，我国生产商品有机肥的主要原料包括畜禽、养殖场排出的粪污、农作物秸秆、风化煤、食品和发酵工业下脚料等。辅助原料主要有猪粪、牛粪、豆渣饼、菜籽饼、棉籽饼、骨渣、有机生活垃圾、城市污泥等。商品有机肥的生产可以选用其中一种或多种资源进行生产。

1. 按照组成成分划分

目前商品有机肥按照组成成分划分，主要有以下三大类。

1）精制有机肥料类

精制有机肥料类不含特定功能的微生物，以提供有机质和少量养分为主。

2）有机无机复混肥料类

由有机肥料和无机肥料混合而成，既含有一定比例的有机质，又含有较高的养分。

3）生物有机肥料类

除含有较多的有机质和少量养分外，还含有能固氮、解磷、解钾、抗土传病害等的有益菌。

2. 按照原料来源划分

1）畜禽粪便有机肥

原料主要由畜禽粪便构成，经高温烘干、氧化裂解、抛翻发酵等工艺处理后挤压而成。该类肥料肥效长、供肥平稳、培肥地力效果好，可用于保护地蔬菜、花卉和果树的栽培。

2）农作物发酵有机肥

原料构成以植物籽粕、秸秆等为基质，经微生物发酵后挤压而成，主要用于改良土壤、培肥地力。

3）腐植酸有机肥

原料以风化煤、草炭等为主，经氨化制成腐殖酸铵，再制成产品。可用于活化和改良土壤。

4）污泥有机肥

将含水率为80%的湿污泥，经干燥、粉碎等加工后，加工为含水率为13%的干污泥，在引入有益微生物处理后，圆盘造粒、低温烘干后制成成品。

5）废渣有机肥

利用微生物来进行高温堆肥发酵处理糠醛、下脚料等食品和发酵工业废渣，经过高温降解复合菌群、除臭增香菌群和固氨菌、解磷菌、解钾菌等微生物发酵后，成为优质环保有机肥。

6）海藻商品有机肥

选择适宜的海藻品种，通过破碎细胞壁，将其内容物浓缩形成海藻浓缩液。海藻肥中的有机活性因子对刺激植物生长起重要的作用。

二、商品有机肥的生产

（一）以畜禽粪便为原料生产商品有机肥的方法

1. 高温快速烘干法

用高温气体对干燥滚筒中搅动、翻滚的湿畜禽粪便进行烘干、造粒。此法的优点：减少了有机肥的恶臭味，杀死了其中的有害病菌、虫卵，处理效率高，易于工厂化生产。缺点：腐熟度差，杀死了部分有益微生物菌群，处理过程能耗高。

2. 塔式发酵加工法

在畜禽粪便中接种微生物发酵菌剂，搅拌均匀后经输送设备提升到塔式发酵仓内。在塔内翻动、通氧，快速发酵除臭、脱水，通风干燥，用破碎机将大块破碎，再分筛、包装。该工艺的主要设备有发酵塔、搅拌机、推动系统设备、热风炉、输送系统设备、圆筒筛、粉碎机、电控系统设备。该产品的有机物含量高，有一定数量的有益微生物，有利于提高产品养分的利用率和促进土壤养分的释放。

3. 氧化裂解法

用强氧化剂（如硫酸）对畜禽粪便进行氧化、裂解，使畜禽粪便中的大分子有机物氧化裂解为活性小分子有机物。此法的优点：产品的肥效高，对土壤的活化能力强。缺点：制作成本高，污染大。

4. 移动翻抛发酵加工法

该工艺流程：在温室式发酵车间内，沿轨道连续翻动拌好菌剂的畜禽粪便，使其发酵、脱臭。畜禽粪便从发酵车间一端进入，出来时变为发酵好的有机肥，并直接进入干燥设备脱水，成为商品有机肥。该生产工艺可充分利用光能、发酵热，设备简单，运转成本低。主要设备有翻抛机、干燥筒、翻斗车等。

（二）以农作物秸秆为原料生产商品有机肥的方法

1. 微生物堆肥发酵法

将粉碎后的秸秆拌入促进秸秆腐熟的微生物，经堆腐发酵制成有机肥。此法的优点：工艺简单易行，质量稳定。缺点：生产周期长，占地面积大，不易进行规模化生产。

2. 微生物快速发酵法

用可控温度、湿度的发酵罐或发酵塔，通过控制微生物的群体数量和活度对秸秆进行快速发酵。此法的优点：产品生产效率高，易进行工厂化生产。缺点：发酵不充分，肥效不稳定。

（三）以风化煤为原料生产商品有机肥的方法

1. 酸析氨化法

该方法主要用于以风化煤为原料，生产钙、镁含量较高的商品有机肥。生产方法：把干燥、粉碎后的风化煤经酸化、水洗、氨化等过程制成腐殖酸铵。此法的优点：产品质量较好，含氮量高。缺点：耗酸、费水、费工。

2. 直接氨化法

该方法主要用于生产以风化煤为原料的腐植酸含量较高的商品有机肥。生产方法：把干燥、粉碎后的风化煤经氨化、熟化等处理过程制成腐殖酸铵。此法的优点：制作成本低。缺点：熟化过程耗时过长。

（四）以海藻为原料生产商品有机肥的方法

为尽可能保留海藻中的天然有机成分，同时便于运输和不受时间限制，用特定的方法将海藻提取液制成液体肥料。其生产过程大致为：筛选适宜的海藻品种，通过各种技术手段使细胞壁破碎、内容物释放出来，将内容物浓缩形成海藻浓缩液。海藻肥中的有机活性因子对刺激植物生长有重要作用。海藻肥是集营养成分、抗生物质、植物激素于一体的有机肥。

（五）以糠醛为原料生产商品有机肥的方法

该技术的特点是利用微生物来进行高温堆肥发酵，处理糠醛废渣，同时还利用微生物发酵后产生的热能处理糠醛废水。废渣、废水经过微生物菌群的降解后，成为优质环保有机肥。生物堆肥的选料配比合理，采用高温降解复合菌群、除臭增香菌群和生物固氮、解磷、解钾菌群分步发酵处理废渣，在高温快速降解糠醛废渣的同时，还能有效控制堆肥的臭味，使发酵的有机肥料没有臭味，并使肥料具有生物肥料的特性，使其品质得到极大的提高。

（六）以污泥为原料生产商品有机肥的方法

将含水率为80%的湿污泥加工为含水率为13%的干污泥。主要有以下方法。

（1）直接晾干。虽然处理污泥的环境条件恶劣，但生产成本低。

（2）将污泥与粉碎后的农作物秸秆掺混［碳氮比为（30~40）：1］，高温发酵7天，稳定有机质并杀菌。该方法适用于有秸秆资源的地区，但需要性能稳定的发酵翻堆设备。

（3）利用热风炉产生的高温烟气一次烘干。加工设备需要内部带破碎轴的滚筒烘干机，边破碎边烘干，以提高烘干效率，并使烘干的污泥颗粒变小（直径≤3毫米，方便利用）。然后将干污泥粉碎，加入有益微生物，采用圆盘造粒机造粒，低温烘干，冷却筛分，最后包装入库。

此外，还有利用沼气、酒糟、泥炭、蚕沙等为原料生产商品有机肥的方法。

三、商品有机肥的利用

（一）商品有机肥的使用方法

1. 撒施法

作底肥用时与化肥拌匀，结合深耕均匀地撒施在地表，翻入20厘米以下土中做到土肥相融。

2. 条状沟施法

用于追肥时，进条沟施，开沟后施肥至作物根系外 8 厘米处。

3. 作追肥时穴施

点播或移栽作物，如玉米、棉花、番茄等，将肥料打穴施入穴。

（二）商品有机肥的使用量

设施瓜果、蔬菜：作基肥每季每亩 50~100 千克。

露地瓜菜：作基肥每季每亩 100~120 千克。

大田作物：作基肥每季每亩 100~150 千克。

（三）商品有机肥使用注意事项

（1）商品有机肥的长效性不能代替化学肥料的速效性，必须根据不同作物和土壤，再配合尿素、配方肥等施用，才能取得最佳效果。

（2）商品有机肥一般作基肥和种肥使用为主，在作物栽种前将肥料均匀撒施，耕翻入土或者配合化肥作种肥播前带入，要注意防止肥料集中施用发生烧苗现象。

（3）商品有机肥作追肥使用时，一定要及时浇足水分。

（4）商品有机肥在高温季节旱地作物上使用时，一定要注意适当减少使用量，防止发生烧苗现象。

第七章 黑土地保护

第一节 黑土地基础知识

一、黑土地的概念

黑土地是指以黑色或暗黑色腐殖质表土层为标志的土地，是一种性状好、肥力高、适宜农耕的优质土地。其土壤成土母质主要为黄土状黏土、洪积物、冲积物、冰碛物及风积物等松散沉积物。

大面积分布有黑土地的区域被称为黑土区。全球范围内，黑土区总面积占全球陆地面积不足7%，且主要集中在四大黑土区：中高纬度的北美洲中南部地区、俄罗斯-乌克兰大平原区、中国东北地区及南美洲潘帕斯草原区。四大黑土区中，北美洲中南部地区面积最大，南美洲潘帕斯草原区面积最小，我国东北黑土区排在第三位。

二、黑土地的形成

黑土地的形成需要一系列的自然条件和漫长的时间过程。以下是黑土地形成的主要步骤和因素。

（一）气候条件

黑土地主要分布在四季分明且温差较大的温带地区。夏季气候温和、湿润，有利于植物的生长和有机物的分解，形成丰富的腐殖质。而冬季气候严寒干燥，降水相对较少，有利于土壤中的水分蒸发，使得土壤中的有机物质逐渐积累。这样的气候条件为黑土的形成提供了重要基础。

（二）地表排水情况

在形成黑土的过程中，地表排水不畅导致了上层滞水现象。这有利于有机物的稳定堆积和积累。在降水较多的夏季，土壤中的有机物会通过水流向下移动，但在严寒干燥的冬季，水分蒸发减少，使得有机物质逐渐聚集在土壤表层。长期以来，这样的滞水现象促进了有机质的富集，从而形成了丰富的腐殖质，成为黑土的重要成分之一。

（三）地质条件

黑土地通常分布在旧石器时代的地层上，主要由风化的火山灰和火山岩石碎屑物质组成，含有丰富的矿物质和微量元素，为植物提供了充足的养分。

（四）植被覆盖

在特定的气候条件和地质条件下，地表植被死亡后经过长时间腐蚀形成腐殖质后，逐渐演化而成黑土。这个过程需要数百年的时间，因为黑土地有机质含量高，其形成极为缓慢。有研究表明，自然条件下需要 200～400 年才能形成 1 厘米厚的黑土层。

综上所述，黑土地的形成是一个复杂的过程，需要特定的气候条件、地表排水情况、地质条件和植被覆盖等因素的共同作用，并经历漫长的时间过程。这些因素相互关联、相互促进，共同构成了黑土地形成的基本条件。

三、黑土地与普通土壤的区别

黑土区的土壤结构与普通土壤相比具有显著的不同之处。

首先，黑土区的土壤通常具有深厚的黑色腐殖质层，从上到下逐渐过渡到淀积层和母质层，厚度可达 30～70 厘米，甚至达到 100 厘米。这种深厚的腐殖质层是黑土区土壤的一个显著特征，与普通土壤相比，其有机质含量极高，通常在 10%～39%。这种丰富的有机质不仅为作物生长提供了充足的养分，还使得土壤质地更为疏松多孔，有利于水分和空气的流通，从而促进了作物的生长发育。

其次，黑土区的土壤结构性良好，大部分为粒状及团块状结构，无钙层，无石灰反应，有铁、锰结核，还有白色粉末和灰色斑块及条纹。这种土壤结构使得土壤更加透气、透水，有利于根系的生长和养分的吸收。而普通土壤的结构性可能较差，可能存在板结、硬化等问题，不利于作物的生长。

最后，黑土区的土壤质地多为黏壤土，颗粒组成以粗粉砂和黏粒为多，两者比例皆为占 30%以上。这种土壤质地使得土壤既具有一定的蓄水保肥能力，又具有良好的通透性，有利于作物的生长和发育。而普通土壤的质地可能因地区、气候等因素而异，可能存在砂土、黏土等不同类型，其蓄水保肥能力和通透性也会有所不同。

综上所述，黑土区的土壤结构与普通土壤相比具有深厚的腐殖质层、良好的土壤结构、适宜的土壤质地等特点，这些特点使得黑土区的土壤更加肥沃、透气、透水，有利于作物的生长和发育。

第二节　黑土地的保护与利用

一、黑土地保护存在的突出问题

（一）黑土地退化严重

多年来，我国的黑土地由于人为高强度的开发利用，黑土层厚度、有机质含量等不断下降，加之自然因素制约和人为活动破坏，土层变薄、变硬、变瘦现象较为严重。

1. 土层变薄

土层变薄，是指耕地中的黑土层变薄。黑土层是黑土地的核心，它富含有机质，为作物提供了丰富的养分。然而，由于过度开垦、水土流失等原因，黑土层正在迅速变薄。一些地方的黑土层已经从最初的几十厘米减少到现在的几厘米，这严重影响了土壤的蓄水保肥能力，导致作物产量下降。

2. 土层变硬

土层变硬，是指土壤板结和硬化。由于长期的不合理耕作、化肥过量使用等原因，土壤结构被破坏，土壤中的有机质和微生物减少，导致土壤变得坚硬、板结。这样的土壤不仅透气性差，水分和养分也难以被作物吸收，严重影响了作物的生长和发育。

3. 土层变瘦

土层变瘦，是指土壤肥力下降。黑土地之所以肥沃，是因为它富含有机质和各种营养元素。然而，由于长期的过度开垦和不合理施肥，土壤中的有机质和营养元素被大量消耗，导致土壤肥力下降。这样的土壤不仅难以支持作物的正常生长，还可能导致作物病虫害的增加。

（二）污染和破坏的行为时有发生

长期以来，我国严重污染和破坏黑土地的行为时有发生。以废矿渣非法倾倒为例，一些不法分子将废矿渣等有害物质运至农用黑土地进行堆放，严重污染了土壤环境。这些废矿渣中可能含有重金属、有毒化学物质等有害物质，它们会渗透到土壤中，破坏土壤结构，降低土壤肥力，使黑土地无法继续支持植物健康生长。受污染的土壤还可能通过食物链进入人体，对人类健康构成潜在威胁。

除了废矿渣倾倒外，还有一些污染和破坏黑土地的行为。例如，一些工业企业和城市生活垃圾被随意倾倒在农田周边，导致农田土壤受到污染；一些农民在种植过程中滥用化肥、农药等化学物质，破坏了土壤生态平衡，加剧了黑土地的退化。

二、黑土地保护与利用的关键技术

（一）保护性耕作技术

保护性耕作，一般是指为减少土壤侵蚀，任何能保证在播种后地表作物秸秆残茬覆盖率不低于30%的耕作和种植管理措施。其核心特征是减少土壤扰动和增加地表覆盖，降低土壤侵蚀的同时蓄水保墒，通过合理的作物搭配、水肥调控等配套技术，实现培肥地力、固碳减排，同时减少作业次数，节约成本投入。当前主流保护性耕作主要包括秸秆覆盖免耕、秸秆覆盖垄作、秸秆覆盖条耕以及新近发展的秸秆覆盖轮作等。

1. 秸秆覆盖免耕技术

该技术是在农田表面保留秸秆或其他植物残余物，形成有机覆盖层，而无须进行传统的耕地操作（如翻耕或深耕）。技术要点包括 3 个方面：一是春季播种前根据土壤墒情与秸秆覆盖量情况，在高留茬或秸秆量少的条件下直接进行播种；二是应用免耕精量播种机一次完成施肥、苗带整理、播种开沟、单粒播种、覆土、重镇压等工序；三是机械化喷施除草剂，玉米拔节前深松追肥，绿色生物防治病虫害。

该技术在蓄水保墒、培肥增温、节本增效等方面表现出了明显的优势。适用于东北黑土区半干旱风沙土区，中部半湿润区的黑土与黑钙土等主要土壤类型区。

2. 秸秆覆盖垄作技术

该技术结合了秸秆覆盖和垄作的优势，通过农田表面形成的秸秆覆盖层，减少水分蒸发、防止土壤侵蚀，并提供有机质。同时，通过形成垄，集中和保持水分，控制杂草生长，并改善土壤结构。技术要点包括 4 个方面：一是在农田表面覆盖秸秆；二是利用扫茬机或扫茬装置将垄台的根茬打散，并扫除到垄沟内，形成无秸秆及根茬的播种带；三是采用深松中耕培垄，恢复垄型；四是合理选择和管理农具，实现高效的种植操作和管理。

该技术可以解决水分管理、土壤侵蚀、杂草控制和土壤质量等问题。适用于东北黑土区中低温冷凉区域以及低洼易涝区的黑土、黑钙土、草甸土等主要土壤类型。

3. 秸秆覆盖条耕技术

该技术是通过特殊的农具或机械在秸秆覆盖基础上形成种植条，提供了作物生长所需的空间。技术要点为春季耕作作业时开展秸秆归行作业，保留秸秆覆盖，同时形成一个疏松平整无秸秆覆盖的苗带，农作物可以正常生长。

该技术解决了秸秆覆盖地温低、播种质量和出苗差、产量不稳定的问题。同时，种植条可以帮助农民进行作业和管理，使农田管理更加便捷和高效。该技术适用于东北黑土区黑土、黑钙土、草甸土、暗棕壤、棕壤等土壤类型。

4. 秸秆覆盖轮作技术

该技术是在作物收获后将秸秆覆盖在农田表面，然后选择适合的轮作作物在覆盖层上种植，利用秸秆的分解过程提供养分，并改善土壤结构。秸秆覆盖轮作以秸秆覆盖玉米大豆轮作为主。技术要点包括玉米季收获后进行秸秆还田，翌年免耕播种大豆，大豆收获时，将大豆秸秆直接粉碎并均匀抛施于地表，翌年春季采用免耕播种机种玉米。

该技术解决了长期玉米连作保护性耕作秸秆连年全量还田出现的土壤消纳难、影响播种和出苗、病虫草害加剧等问题，具有降低土壤风蚀、改善土壤理化特性、改善土壤养分供给平衡的显著优势。该技术适用于东北黑土区黑土、黑钙土等主要土壤类型。

（二）土壤退化防控技术

土壤退化防控技术，旨在减缓土壤退化过程、恢复和改善土壤质量，保护土壤资源并提高土壤可持续利用能力。核心内容是对土壤进行修复、改良或管理，提高土壤对于风蚀、水蚀等侵蚀的抗性，遏制耕地水土流失，降低土壤碱化度，从而改良土壤、提高农作物产量。土壤退化防控技术主要包括风蚀防控技术，侵蚀沟治理技术，盐渍化防控技术和白浆层障碍消除技术等。

1. 风蚀防控技术

该技术是通过削减风能，降低风力侵蚀力，同时防风带下风向一定范围内，由于林带遮挡、涡流等，导致风速降低，促进风蚀颗粒沉降。防护林的防风效应与空间布局和林网结构密切相关，主要技术要点为林带方位、林带结构、林带间距、林带宽度和网格规格等关键参数的确定。

该技术解决了黑土区由于风蚀和高强度开垦导致的土层变薄、有机质流失、生态功能下降的问题。该技术适用于东北黑土区轻度、中度、重度风蚀区。

2. 侵蚀沟治理技术

该技术是通过采用工程和生物治理等措施，降低径流对地表冲刷和侵蚀，防止土壤流失和环境破坏。技术要点包括 4 个方面：一是以农田集水区为单元进行治理，坡耕地上采用横坡垄作、秸秆覆盖免耕、条耕等技术可有效防治水土流失；二是秋收后或春耕前，疏通田间导水渠系，使之与沟底暗管相连，打通农田集水区水系；三是对于浅沟和小型切沟，采用秸秆填埋复垦技术修复沟毁耕地、恢复地块完整；四是对于大型切沟，采用秸秆填埋+表层覆土+阶梯石笼谷坊抬升沟道侵蚀基准、沟底布设柳跌水、沟坡布设草灌等工程和生物措施稳固大型侵蚀沟。

该技术解决了农田汇水区水系不连通、田块破碎化、机耕效率低、治沟削坡占地等一系列问题，有效治理了农田侵蚀沟。适用于东北漫川漫岗黑土区包含中、大型侵蚀沟的农田。

3. 盐渍化防控技术

该技术是通过土地改良、灌排工程和生物农艺等技术对盐碱障碍进行消解。盐碱地种稻配合复合调理剂改良苏打盐碱土的效果显著。技术要点包括以腐植酸基苏打盐碱地新型调理剂及精准施用技术为核心，在秋季收获后或春季整地前进行撒施，之后旋耕混入土壤；用天然腐植酸和复合钙源快速降低碱化度和 pH 值；抑制黏粒分散，加速耕层土壤脱盐降碱。

该技术在缓解苏打盐碱地土壤结构恶化、提升土壤有机质和破除作物生长障碍上具有显著的优势。适用于东北松嫩平原西部 pH 值大于 8.5，碱化度大于 15%的苏打盐碱土。

4. 白浆层障碍消除技术

该技术的原理是打破坚硬的白浆层，培肥心土层，改善土壤理化性质，提高土壤肥力，使耕层水、肥、气、热协调发展。技术要点包括以白浆土秸秆深还田心土混拌地力提升技术为核心，秋季玉米收获后，地表秸秆全部还入心土层，与白浆层和淀积层进行混合；随后进行大垄起垄、播种，要求一次完成玉米播种、基肥、镇压作业。

该技术可以解决土层薄、养分含量低、土壤结构差和作物生长不良的问题，适用于东北三江平原耕层厚度在 20 厘米左右的旱地薄层白浆土。

（三）作物绿色高效栽培技术

作物绿色高产栽培技术是指在确保作物产量的前提下，尽可能地保护环境、节约资源、降低成本，以实现可持续发展的农作物种植技术。核心内容是提高肥料和灌溉水利用效率，改善土壤结构，提高土壤养分利用效率，减少污染，实现可持续发展。作物绿色高产栽培技术主要有密植栽培技术、高效施肥技术及绿色种植技术等。

1. 密植栽培技术

密植栽培技术通常通过减小植株之间的间距来增加单位面积植株数量，从而提高作物产量。技术要点为根据具体作物的生长特性、品种选择以及土壤和气候条件进行合理调整，以确保植株之间的空间仍然能够满足作物的生长需求，避免过于拥挤导致植株生长不良或疾病传播。常见作物适宜密度如下：大豆播种密度 22 万～25 万株/公顷，春小麦播种密度 900 万～975 万株/公顷，饲料油菜密度为 50 万～52 万株/公顷，矮秆高粱宜密度 12 万～13 万株/公顷。

密植栽培技术充分利用空间和光照，解决了生长空间不合理导致的作物生长不良和病害问题，从而达到产量最大化。该技术适用于东北黑土区坡耕地区域，以及辽河流域、松花江流域、饮马河流域、洮儿河流域等区域。

2. 高效施肥技术

高效施肥技术是指在作物营养供应的各个环节上，在遵循“四合适”原则（合适的肥料类型、合适的用量、合适的施肥时间、合适的施肥位置）基础上，设计措施最大限度地提高肥料的利用效率，以充分保证提高作物的产量和品质。其中，保护性耕作轻简化一次性施肥免追技术，是在常规肥料基础上进行配方优化，播种的同时完成施肥，其技术要点为：将稳定性肥料技术、磷活化技术、聚谷氨酸增效技术进行了有机集成与优化，采用种肥同播机，配合保护性耕作，将土壤扰动次数降到最低。

保护性耕作轻简化一次性施肥免追技术，解决了黑土地保护及保护性耕作模式实施中易出现的苗期缺氮、后期追肥扰动等问题，适用于保护性耕作模式应用下的玉米种植。

3. 绿色种植技术

该技术旨在通过生物防治病虫害代替化学防治、机械和人工代替化学除草，全过程采用有机种植技术，避免了化学农药、肥料的土壤残留和环境损害。技术要点包括：玉米出土前后深松作业，覆盖刚出土的杂草；玉米出苗后进行旋转松土除草、智能除草机及中耕夹犁除草；释放赤眼蜂防治玉米螟，喷施苏云金杆菌粉剂、枯草芽孢杆菌及除虫菊素水乳剂等防治虫害。

该技术解决了黑土地不合理的耕种，化肥农药施用过多，资源利用效率低，传统农业种植效益不高等问题，有修复土壤的功能，能够减轻和克服作物病害与连作障碍。适用于松嫩平原北部中厚层黑土区。

三、黑土地保护与利用技术模式

黑土地保护与利用技术模式是指针对特定区域黑土地退化的主要特征和保护利用的关键难题，所形成的多项关键技术综合集成的解决方案。目前，中国东北地区黑土地保护与利用技术模式主要包括龙江模式、梨树模式 2.0、三江模式、大安模式、辽河模式、辽北模式、大河湾模式、北大荒模式、拜泉模式和全域定制模式。

（一）龙江模式

针对黑土地开垦后由于高强度利用、用养失调导致黑土层土壤有机质锐减、土壤结构恶化、生物功能退化，以及不合理耕作导致耕作层变浅、犁底层增厚等突出问题，构建了龙江模式。通过秸秆粉碎、有机肥深混还田并结合玉米-大豆轮作等关键技术，促进了大气降水入渗和有机物料碳向土壤碳的转化，提高了全耕作层土壤储水量（增加 15%以上）和土壤有机质含量（增加 3%以上），增加了作物产量（增加 10%以上）。

该模式技术要点包括黑土地耕层扩容增库、玉米-大豆轮作耕作栽培等，主要在黑龙江省全域推广应用。该模式为 2022 年黑龙江省黑土耕地质量提升和作物高产增效奠定了坚实基础，年度累计推广应用 3 110万亩。

（二）梨树模式 2.0

梨树模式 2.0 以秸秆覆盖还田垄作少耕、条带耕作、宽窄行免耕等保护性耕作技术为主体，以土壤保育、高产高效为目标，从秸秆覆盖耕免结合提温提质、配套农机具研发改制、高产群体调控等方面优化集成，创新升级“梨树模式”，形成技术区域化、参数精细化、机具系统化、管理一体化的高产增效保护性耕作综合技术体系。

梨树模式2.0实现了保护性耕作与粮食高产协同，创造了东北地区同一地块连续4年亩产超吨粮的纪录；得到了吉林省人民政府批示：“大力推广”；目前，建立了梨树和双辽2个万亩示范区、在吉林省建立了10个核心示范点、打造了双辽百万亩高标准示范县，技术已大面积推广。

（三）三江模式

针对三江平原黑土地保护面临水资源安全压力大、低温冷凉、土壤障碍严重、智能化水平有待提升等问题，构建了黑土地保护利用三江模式。通过施用耐低温腐解菌剂、秸秆还田配施有机肥和改良剂、深翻或免翻深松以及苗期进行垄沟深松的耕作措施等，解决了湿润区黑土耕层深松减障提质过程中翻埋还田秸秆快速腐解、耕层快速培肥、低产白浆土障碍消减等问题，提升了区域水土资源整体利用效率与可持续利用潜力。

该模式技术要点包括秸秆翻埋、深松减障、水土优化、智能管控，主要在三江平原地区推广应用并提供多尺度系统解决方案。该模式在友谊农场、二道河农场和曙光农场建立核心示范区，通过北大荒农垦集团有限公司与黑龙江省农业环境与耕地保护站双线推广体系，在垦区16个农场建立了千亩示范区。

（四）大安模式

大安模式以“良田+良种+良法”三良一体化技术体系为

核心，通过改土培肥、脱盐降碱、抗逆品种与适生栽培关键技术快速实现盐碱地障碍消减与综合产能提升，结合国土整治、生态修复、现代种业、智能农机和智慧农业、先进农业生产组织等“产业多元一体化”综合治理方式打造盐碱地农业现代化示范样板。

该模式要点包括改土培肥、良种优选、良法优用等技术手段，实现黑土区盐碱地耕层改土降碱、作物产能提升和资源生态高效利用。形成了集成磷石膏+东稻系列水稻+抗逆绿色栽培技术的盐碱地水田“良田+良种+良法”三良一体化高效治理、集成覆沙+324 耕作+浅埋滴灌技术的盐碱旱田稳产高产种植、集成脱碱三号+耐盐碱羊草品种+羊草免耕秋播的碱化草地植被快速修复、集成稻田退水消纳+典型芦苇植被恢复+湿地种养结合的盐碱湿地生态治理与资源高效利用等系列技术体系。该模式主要在东北黑土区西南部推广应用，已在吉林大安、长岭、镇赉、洮南、洮北等地建立 5 个核心示范基地和 7 个技术示范推广点，示范面积 5 万余亩，辐射推广 1 000余万亩。通过该模式示范推广，实现土壤 pH 值平均下降 0.5 个单位，电导率平均下降 40%，土壤有机质、速效氮磷含量增加 12%以上。

（五）辽河模式

针对辽河平原耕地土壤开垦时间长、土壤肥力下降快等问题，研发了辽河模式。通过种养循环和粪肥资源一体化循环利用等，解决了固体粪污和液体粪污无害化处理、养殖废弃物综合利用以及黑土地有机质还田转化效率提升等关键问题。

该模式技术要点包括全量粪污肥料化沃土、好氧发酵有机粪肥对化肥替代、农业有机废弃物田间近地覆膜腐殖强化等，主要在辽河平原推广应用。在辽宁省昌图县、阜蒙县、沈阳沈北新区建立2.5万亩核心示范区、累计推广应用面积达800多万亩。培训各级农技人员和实施主体1 800余人次。通过粪肥资源一体化循环利用地力培育技术的应用，土壤有机质增加了0.2%~0.3%，有效扩大了土壤全量养分库容，提高了土壤水分和养分供给能力，作物产量提升5%~8%。

（六）辽北模式

针对辽北耕地土壤开垦时间长、土壤肥力下降等问题，构建了辽北米豆轮作黑土保育技术模式（简称辽北模式）。通过玉米秸秆粉碎还田培肥地力、大豆增氮和减肥轮作、大豆粉碎秸秆还田等，解决区域土壤有机碳减少和肥力下降的问题。

该模式技术要点是两年玉米秸秆粉碎还田和一年大豆轮作粉碎还田。秸秆粉碎还田可以增加土壤有机碳含量，活跃土壤微生物，适度增加土壤的通透性、保肥性、缓冲性和供肥能力；大豆轮作可以调整土壤碳氮比，培育良好土壤微生态环境。主要在东北黑土区南部、水热条件较好、土地平整区推广应用。项目区测产结果表明，玉米产量提高6%。

（七）大河湾模式

针对蒙东地区漫坡漫岗、春旱夏涝且雨量集中，导致风蚀水蚀现象严重；耕作层薄、用养失调导致土壤结构恶化；农业资源本底不清，导致种、水、肥、药施用的决策不准；大马力高端农机装备依赖进口，普通农机智能化程度有待提高等突出问题，构建了大河湾模式。通过将无人测土机器人、土壤能谱分析仪等装备与多种信息化手段的融合，构建了“天空地人机”自动化智能化的本底数据采集体系；利用人工智能大模型技术实现了水、土、气、生等农情大数据与作物生长在信息空间的模拟，并能够实现宏观区域级保护性耕作种植模式方案以及微观地块级作业处方的建议；最后通过对传统农机的智能化改造与纯电动无人化三代农机的应用，构建了智能化的农事作业执行系统。

该模式技术要点包括广域内 10 米×10 米级土壤养分数据感知技术，基于人工智能的农事处方决策技术，高地势平地、坡地、洼地的保护性耕作技术，传统农机智能化改造以及纯电动无人化农机的无人作业技术等，主要在蒙东四盟市进行推广应用。2022 年，该模式已覆盖呼伦贝尔农垦集团 24 个农场以及部分蒙东四盟市共 1 073万亩。

（八）北大荒模式

针对巩固和提升粮食综合产能、推动农业绿色可持续发展等国家重大需求，构建了黑土地保护利用的北大荒模式。通过科学轮作、绿色生产、精准施肥、智慧农机、保护性耕作、生态治理、格田改造、水资源利用等技术手段，系统性解决黑土地综合利用与黑土地保护问题，实现肥料利用率、水资源利用率、农机作业效率、耕地产出率不断提升。

该模式技术要点可概括为“六个替代”和“六个全覆盖”。“六个替代”是指有机肥替代化肥、绿色农药替代传统农药、地表水替代地下水、保护性耕作替代传统翻耕、智能化替代机械化、规模化格田替代一般农田。“六个全覆盖”是指一般农田和标准农田全覆盖、农机智能化全覆盖、绿色生产全覆盖、标准化生产全覆盖、数字农服管控全覆盖、投入品专业化经营全覆盖。主要在松嫩平原和三江平原等地区推广示范。耕地质量调查评价数据显示，2021 年，北大荒农垦集团有限公司耕地土壤有机质平均含量为 45.9 克/千克，比 2014 年提高 2.1 克/千克。

(九) 拜泉模式

针对黑龙江中西部地区丘陵起伏和漫川漫岗地区水土流失严重的问题，构建了以土壤侵蚀分区治理为核心的拜泉模式。通过考虑自然条件的相似性、社会经济条件的相近性、侵蚀类型—侵蚀强度和防止措施的相同性、治理开发方向的一致性和地域的相连性等自然和社会经济特征，对土壤侵蚀区进行划分，进而通过分区制定治理施策的方式解决区域水土流失问题。

该模式技术要点包括坡沟连治措施，通过实施坡顶防护、坡面防护、沟道防护 3 项工程，创新并持续深化水土流失“三道防线”综合治理模式，第一道防线是在山顶栽松戴帽，林缘与耕地接壤处开挖截流沟，涵养水源，节流控水；第二道防线是在坡面按等距营造农防林，等高垄作修梯田，就地渗透，蓄水保墒；第三道防线是在沟头石笼防护，沟道修跌水，下游修谷坊，沟岸削坡植树，育林封沟，顺水保土。模式主要在黑龙江省拜泉县及周边地区推广应用。截至 2022 年年末，拜泉县累计治理水土流失面积 1 803.2千米^2，治理侵蚀沟 1.99 万条，各项水土保持措施年可拦蓄径流量近 7 000万米^3，径流减少 69%；拦蓄泥沙量近 900 万吨，泥沙流失量减少62%。

（十）全域定制模式

针对东北黑土区土壤退化和碳损失严重、种养资源不匹配、农业效益不高、区域发展缺乏系统解决方案等瓶颈，构建了黑土粮仓全域定制模式。通过挖掘地域潜力，探究黑土区水、土、气、生、人五大地理要素之间的相互作用机制，促进全生产要素有机整合，运用综合性和交叉性手段从市域—村域—地块等不同尺度破解黑土地保护与利用关键科技问题，实现黑土保护利用技术高效率、本地化精准应用，形成覆盖全市域、具有多尺度地域特色的分区分类分级的精准策略和系统解决方案。

该模式技术要点包括构建全域定制数据集，依托大数据和人工智能分别从市域尺度、村域尺度和地块尺度形成“分区施策”“依村定策”和“一地一策”3个不同尺度的系统方案等。依托中国科学院“黑土粮仓”科技会战，构建了东北全域黑土地大数据库，研建了东北黑土地保护与利用智慧管控平台，形成了分区分类分级的黑土地保护利用系统解决方案。该方案率先在齐齐哈尔市全域推广应用，整合了秸秆覆盖、垄作、免耕等共性技术和旱地大垄双行、水稻田秋打浆等特色技术，形成了针对松嫩平原中厚层黑土、薄层黑土、风沙草甸土等三类九区的针对性技术方案，在13个区县示范推广1 000万亩。

第三节　《中华人民共和国黑土地保护法》

2022年6月24日第十三届全国人民代表大会常务委员会

第三十五次会议审议并全票通过了《中华人民共和国黑土地保护法》（以下简称《黑土地保护法》），并于2022年8月1日起施行。《黑土地保护法》为保护好黑土地提供了有力的法治保障。

一、立法背景和主要过程

党中央始终把解决好“三农”问题作为全党工作的重中之重。在世界百年未有之大变局中，稳住农业基本盘、守好“三农”基础是应变局、开新局的“压舱石”。以习近平同志为核心的党中央把粮食安全作为治国理政的头等大事，强调粮食安全是国家安全的重要基础，中国人的饭碗任何时候都要牢牢端在自己手中，饭碗主要装中国粮。2020年底中央经济工作会议指出，保障粮食安全，关键在于落实“藏粮于地、藏粮于技”战略，要解决好种子和耕地问题。随后召开的中央农村工作会议和2021年中央一号文件，对打好种业翻身仗、保护耕地尤其是保护黑土地提出了更加具体明确的要求。

十三届全国人民代表大会（简称人大）四次会议期间，全国人大农业与农村委员会收到“关于制定黑土地保护法的议案”和多件关于黑土地保护的代表建议，代表们建议制定《黑土地保护法》，保护黑土地、留住黑土层，解决违法占用、违法开垦黑土地等问题。2021年3月中下旬，全国人大农业与农村委员会两次研究议案办理工作，提出对习近平总书记和党中央高度重视的黑土地保护问题重点加以研究，并要求提高议案办理的质量和效率。抓紧开展立法修法研究论证，与相关方面进行积极沟通讨论。及时组织召开研究论证会，中央和国务院有关部门、专家学者参加会议并发言，普遍认为要加强黑土地保护的法治保障；全国人大农业与农村委员会组成调研组进一步赴东北四省区（黑龙江、吉林、辽宁、内蒙古）等地调研，地方对黑土地保护立法普遍赞成、积极支持，为了保障国家的粮食安全和生态安全、建立统筹协调工作机制等，有必要在国家层面开展黑土地保护立法。全国人大农业与农村委员会多次向全国人大常委会领导同志报告有关工作情况，及时提出黑土地保护立法的专门报告。常委会领导同志高度重视，作出重要批示要求积极推进相关立法，加快了立法工作的进程。

《黑土地保护法》边研究论证边起草。全国人大农业与农村委员会多次组织召开中央有关部门、专家学者的座谈会，到东北四省区开展5次调研，实地到13个地市及其相关县市和村镇进行考察。调研中邀请10人次的全国人大代表参加，邀请地方各级人大代表提出意见和建议，为起草工作打下了扎实的基础，逐步形成了草案稿。2021年9月，将草案征求意见稿发送东北四省区人大征求意见，并送全国人大常委会办公厅以办公厅名义征求国务院办公厅意见。收到国务院办公厅意见后，认真组织研究吸纳有关意见和建议。经过反复研究论证，草案趋于成熟。2021年12月，《黑土地保护法》草案提请十三届全国人大常委会第三十二次会议审议。2022年，《黑土地保护法》列入了全国人大常委会立法计划的重点立法项目，加快推进。全国人大常委会于2022年4月、6月分别对《黑土地保护法》草案进行了二次审议和三次审议，并于6月24日常委会全票审议通过。

《黑土地保护法》的起草和通过，体现了全国人大常委会紧紧围绕党中央重大决策部署谋划推进各项工作，牢固树立法治思维推动国家治理体系和治理能力现代化，高效高质推进涉农相关立法，使立法工作更好围绕中心和大局、更好服务国家和人民；体现了发展全过程人民民主，代表的议案和建议加快推动了立法进程，五级人大代表的意见和建议对完善法律条文发挥了重要作用，广泛的调研凝聚了人民群众的智慧、反映了人民的期盼；发挥人大立法主导作用，这部法律实现了当年启动研究论证当年完成起草当年提请审议，获得人大常委会全票通过，体现了“小快灵”立法特点，体现了立法高效率、高质量。

二、立法的必要性和重要意义

一是深入贯彻落实习近平总书记重要指示和党中央决策部署的需要。习近平总书记高度重视黑土地保护，多次叮嘱要保护好黑土地。2016 年 5 月在黑龙江考察时说，要采取工程、农艺、生物等多种措施，调动农民积极性，共同把黑土地保护好、利用好；2018 年 9 月在北大荒建三江国家农业科技园区考察时指出，要加快绿色农业发展，坚持用养结合，综合施策，确保黑土地不减少、不退化；2020 年 7 月习近平总书记在吉林考察时指出，东北是世界三大黑土区之一，是“黄金玉米带”“大豆之乡”，黑土高产丰产同时也面临着土地肥力透支的问题。一定要采取有效措施，保护好黑土地这一“耕地中的大熊猫”；2020 年 12 月习近平总书记在中央农村工作会议上指出，要把黑土地保护作为一件大事来抓，把黑土地用好养好。近年来的中央文件，多次强调黑土地保护，《中华人民共和国国民经济和社会发展第十四个五年规划和2035年远景目标纲要》提出，实施黑土地保护工程，加强东北黑土地保护和地力恢复。习近平总书记将黑土地比喻为国宝“大熊猫”，这一重要论述具有深刻内涵和深远意义。黑土地是大自然赋予人类得天独厚的稀缺宝贵资源，具有优质性、稀缺性、易被侵蚀性等特点。多年来人为高强度开发利用，黑土层厚度、有机质含量等下降，土壤酸化、沙化、盐渍化加剧，严重影响生态安全和农业可持续发展。要从造福子孙永续发展的高度认识黑土地保护的特殊性和战略意义，向“藏粮于地、藏粮于技”战略高度推进。制定《黑土地保护法》，将保护黑土地上升为国家意志，是贯彻落实习近平总书记和党中央关于黑土地保护要求的有力举措。

二是保障长远国家粮食安全的需要。粮食安全是“国之大者”，悠悠万事，吃饭为大。手中有粮、心中不慌。在百年变局和国际形势错综复杂的背景下，粮食和重要农副产品的稳定供给是社会始终保持稳定的基础，是推动经济社会发展行稳致远的保障。耕地是粮食生产的“命根子”，黑土地是耕地中的“大熊猫”，土壤性状好、肥力高、水肥气热协调，粮食产量高、品质好。东北黑土区是我国重要的粮食生产基地，粮食产量约占全国的1/4，粮食商品率高，是保障粮食市场供应的重要来源，是保障国家粮食安全的“压舱石”。黑土地在保障粮食安全、保障优质农产品供给上的作用不言而喻。制定《黑土地保护法》，规范黑土地保护、治理、修复、利用等活动，保护黑土地高产优质农产品产出功能，能够为保障国家粮食安全提供坚强法治保障。

三是维护生态系统平衡的需要。珍稀的黑土地自然资源，既不可再生，也无可替代。长期以来，由于保护和投入不够，加之风蚀、水蚀侵害，黑土地土壤有机质含量下降、土壤养分流失、水土流失严重、土地耕层构造劣化，黑土地变薄、变硬、变瘦。侵蚀沟发育发展，不仅造成耕地丧失，而且造成土地破碎。黑土地作为生态系统的重要组成部分，其自身生态遭到破坏还带来了其他环境问题，如河道淤积、洪涝灾害加剧、水利设施和道路被破坏等。人与自然应当和谐共生，保护自然则自然回报慷慨，掠夺自然则自然惩罚无情。制定《黑土地保护法》，保护好生态环境，维护好生态系统平衡，促进资源环境可持续，才能使黑土地永远造福人民。

四是完善黑土地保护体制机制的需要。近年来，党中央、国务院采取了一些对黑土地保护的措施。2017 年，经国务院同意，农业部、国家发展改革委等 6 部门联合印发了《东北黑土地保护规划纲要（2017—2030 年）》；2020 年，经国务院同意，农业农村部和财政部联合印发《东北黑土地保护性耕作行动计划（2020—2025 年）》；2021 年，经国务院同意，农业农村部、国家发展改革委等 7 部门联合印发了《国家黑土地保护工程实施方案（2021—2025 年）》。这些举措对黑土地保护发挥了积极作用，但是政策具有阶段性特征，难以建立长期稳定的保护机制，还存在工作上协同性不足、稳定投入机制未建立、责任主体不够明确等问题。当前，吉林省、黑龙江省制定了黑土地保护条例，内蒙古自治区制定了耕地保养条例等，但是地方层面立法，难以形成上下联动、多方参与的长效保护机制。当前土地管理有关法律法规，在耕地保护方面主要解决一般性问题，数量保护措施多、质量提升措施少，对黑土地的特殊保护还缺乏针对性的措施。综合施策、形成合力、久久为功保护好黑土地，需要全社会共同努力。制定《黑土地保护法》，有利于建立针对性、系统性、稳定性的黑土地保护制度。

三、《黑土地保护法》的特点和亮点

（一）坚持长远保障国家粮食安全的战略定位

保护黑土地就是保障国家粮食安全。制定《黑土地保护法》，落实党中央保障国家粮食安全战略，坚决遏制耕地“非农化”、防止“非粮化”，立法明确黑土地优先用于粮食生产的导向，实行严格的黑土地保护制度，强化黑土地治理修复，确保黑土地总量不减少、功能不退化、质量有提升、产能可持续，牢牢把住粮食安全主动权。

（二）把行之有效的黑土地保护政策转化为法律规定

党的十八大以来，在实施一系列加强耕地保护、保障国家粮食安全的政策措施基础上，党中央、国务院通过制定东北黑土地保护规划纲要、开展东北黑土地保护性耕作行动、实施国家黑土地保护工程，多措并举、统筹推进黑土地保护工作，取得了良好实效。制定《黑土地保护法》，总结耕地保护实践经验，把利国惠民的黑土地特殊保护制度措施以法律的形式固定下来。

（三）加大投入保障，强化科技支撑

黑土地保护工作具有公益性、基础性、长期性，建立和

完善黑土地保护财政投入保障机制，加大对黑土地的资金和项目支持。加强科技支撑，把握自然规律，综合采取工程、农艺、农机、生物等措施，做到用养结合、因地制宜、综合施策，恢复并稳步提升黑土地基础地力，改善黑土地生态环境，提高黑土地综合生产能力。

（四）建立政府主导、农民为主体、多元参与的黑土地保护格局

保护好黑土地，是四省区人民政府的重要职责，要压实责任，加强考核监督，确保落实；建立黑土地保护协调机制，加强统筹协调，增强黑土地保护的协同性；坚持农民主体地位，保护好农民利益，调动农民开展黑土地保护的积极性；注重发挥市场作用，引导社会力量参与黑土地保护，做到广泛参与、多元共治。

四、《黑土地保护法》的主要内容

《黑土地保护法》共 38 条，包括立法目的、适用范围、保护要求和原则、政府责任和协调机制、制定规划、资源调查和监测、科技支撑、数量保护措施、质量提升措施、农业生产经营者的责任、资金保障、奖补措施、考核与监督、法律责任等。

（一）科学确定《黑土地保护法》的适用范围

一是突出重点，明确《黑土地保护法》保护的是黑土地所在四省区内的黑土耕地，并要求综合考虑黑土地开发历史等因素，按照最有利于保护和最有利于修复的原则，在国家层面统筹确定黑土地保护范围，并在黑土地保护规划中进一

步细化和明确。

二是做好法律之间的衔接，处理好《黑土地保护法》与《中华人民共和国土地管理法》《中华人民共和国森林法》《中华人民共和国草原法》《中华人民共和国湿地保护法》《中华人民共和国水法》等有关法律的关系。

（二）加强统筹协调

一是明确政府职责，规定国务院和四省区人民政府加强对黑土地保护工作的领导、组织、协调、监督管理，统筹制定黑土地保护政策；要求四省区人民政府对本行政区域内的黑土地数量、质量、生态环境负责。

二是要求县级以上地方人民政府建立有关部门组成的黑土地保护协调机制，加强协调指导，明确工作责任，推动黑土地保护工作落实。

三是坚持规划引领，要求将黑土地保护工作纳入国民经济和社会发展规划，明确县级以上人民政府有关部门制定黑土地保护规划，并与国土空间规划相衔接。

（三）切实保障国家粮食安全

一是将“保障国家粮食安全”作为《黑土地保护法》的重要立法目的。

二是落实党中央关于“分类明确耕地用途，严格落实耕地利用优先序”的要求，进一步明确黑土地应当用于粮食和油料作物、糖料作物、蔬菜等农产品生产。

三是与永久基本农田制度相衔接，要求黑土层深厚、土壤性状良好的黑土地应当按照规定标准划入永久基本农田，重点用于粮食生产。

（四）加强黑土地保护科技支撑

一是鼓励开展科学研究和技术服务，明确国家采取措施加强黑土地保护的科技支撑能力建设，支持各类主体开展黑土地保护技术服务。

二是坚持用养结合、综合施策，要求采取工程、农艺、农机、生物等措施，加强黑土地农田基础设施建设，完善黑土地质量提升措施，保护黑土地的优良生产能力。

三是加强黑土地治理修复，要求采取综合性措施，开展侵蚀沟治理，加强农田防护林建设，开展沙化土地治理，加强林地、草原、湿地保护修复，改善和修复农田生态环境。

（五）强化基层组织和农业生产经营者的保护义务

一是明确黑土地发包方职责，要求农村集体经济组织、村民委员会和村民小组监督承包方依照承包合同约定的用途合理利用和保护黑土地，制止承包方损害黑土地等行为。

二是明确生产经营者保护和合理利用黑土地的义务，要求生产经营者十分珍惜和合理利用黑土地，加强农田基础设施建设，应用保护性耕作等技术，积极采取黑土地养护措施。同时，对国有农场的黑土地保护工作提出了明确要求。

三是明确农业生产经营者未尽到黑土地保护义务，经批评教育仍不改正的，可以不予发放耕地保护相关补贴。

（六）建立健全黑土地投入保障制度

一是建立健全黑土地保护财政投入保障制度，建立长期稳定的奖补机制，并在项目资金安排上积极支持黑土地保护需要。

二是建立健全黑土地跨区域投入保护机制。

三是鼓励社会资本投入黑土地保护活动，并依法保障其合法权益。

（七）强化考核监督，加大处罚力度

一是建立考核监督制度，明确国务院对四省区人民政府黑土地保护责任落实情况进行考核，将黑土地保护情况纳入耕地保护责任目标；要求有关部门依职责联合开展监督检查；有关人民政府应当就黑土地保护情况依法接受本级人大监督。

二是明确任何组织和个人不得破坏黑土地资源，禁止盗挖、滥挖和非法买卖黑土。要求国务院有关部门建立健全保护黑土地资源监督管理制度，提高综合治理能力。

三是对破坏黑土地资源的违法行为从重处罚。规定违法将黑土地用于非农建设，盗挖、滥挖黑土，以及造成黑土地污染、水土流失的，依照土地管理、污染防治、水土保持等有关法律法规的规定从重处罚。

第四节　国家黑土地保护工程

2021 年，中央一号文件提出“实施国家黑土地保护工程”，将黑土地保护上升至国家战略。2021 年 7 月，《国家黑土地保护工程实施方案（2021—2025 年）》明确，“十四五”期间将完成 1 亿亩黑土地保护利用任务，黑土耕地质量明显提升，土壤有机质含量提高 10%以上。2022 年 1 月 4 日，《中共中央　国务院关于做好二〇二二年全面推进乡村振兴重点工作的意见》中提出：深入推进国家黑土地保护工程。

一、国家黑土地保护工程的目标任务

2021—2025年，实施黑土耕地保护利用面积1亿亩（含标准化示范面积1 800万亩）。其中，建设高标准农田5 000万亩、治理侵蚀沟7 000条，实施免耕少耕秸秆覆盖还田、秸秆综合利用碎混翻压还田等保护性耕作5亿亩次（1亿亩耕地每年全覆盖重叠1次）、有机肥深翻还田1亿亩。到“十四五”末，黑土地保护区耕地质量明显提升，旱地耕作层达到30厘米、水田耕作层达到20~25厘米，土壤有机质含量平均提高10%，有效遏制黑土耕地变薄、变硬、变瘦等退化趋势，防治水土流失，基本构建形成持续推进黑土地保护利用的长效机制。

二、国家黑土地保护工程的工作原则

（一）坚持保护优先、用养结合

针对黑土地长期高强度利用，统筹优化农业结构，推进种养循环、秸秆粪污资源化利用、合理轮作，推广综合治理技术，促进黑土地在利用中保护、在保护中利用。

（二）坚持因地制宜、分类施策

根据东北黑土地类型、水热条件、地形地貌、耕作模式等差异，水田、旱地、水浇地等耕地地类，科学分区分类，实施差异化治理。

（三）坚持政策协同、综合治理

结合区域内农田建设、水土保持、水利工程建设等规划，统筹工程与农艺措施，统一设计方案、统一组织实施、统一绩效考核，统筹工程建设、耕地保护、资源养护等不同渠道资金，强化政策协同，实行综合治理。

（四）坚持示范引领、技术支撑

以建设黑土地保护工程标准化示范区为引领，实施集中连片综合治理示范，带动大面积推广。加强技术支撑，建立由科研教育和技术推广单位组成的专家团队，推进治理技术创新，实行包片技术指导。

（五）坚持政府引导、社会参与

坚持黑土保护的公益性、基础性、长期性，发挥政府投入引领作用，以市场化方式带动社会资本投入，引导农村集体经济组织、农户、企业积极参与，形成黑土地保护建设长效机制。

三、国家黑土地保护工程的主要实施内容

针对黑土耕地出现的变薄、变硬、变瘦问题，着重实施土壤侵蚀治理，农田基础设施建设，肥沃耕作层培育等措施。

（一）土壤侵蚀防治

东北黑土区坡度2°以上的坡耕地面积占比28%，以漫坡漫岗长坡耕地为主，汇水面积大，易遭受水蚀。在松嫩平原和大兴安岭东南低山丘陵的农牧交错带，干旱少雨多风，土壤风蚀严重。

1. 治理坡耕地，防治土壤水蚀

建设截水、排水、引水等设施，拦蓄和疏导地表径流，防止客水进农田。采用改顺坡垄为横坡垄、改长垄为短垄、

等高种植；打地埂、修筑植物护坎、较长坡面种植物防冲带；坡耕地适宜地区修建梯田，推行改自然漫流为筑沟导流，固定生态植被等，预防控制水蚀。

2. 建设农田防护体系，防治土壤风蚀

因害设防，合理规划农田防护林体系，与沟、渠、路建设配套防护林带，大力营造各种水土保持防护林草，实现农田林网化、立体化防护。结合土壤、水分、积温、经营规模等实际情况，在适宜地区推广保护性耕作、精量播种，减少土壤扰动，降低土壤裸露，防治耕地土壤风蚀。

3. 治理侵蚀沟，修复和保护耕地

按照小流域为单元治理的思路，采取截、蓄、导、排等工程和生物措施，形成综合治理体系。小型侵蚀沟结合高标准农田建设实施沟道整形、暗管铺设、秸秆填沟、表层覆土等综合治理措施，将地表汇水导入暗管排水，侵蚀沟修复为耕地。大中型侵蚀沟修建拦沙坝等控制骨干工程，同时修建沟头防护、谷坊、塘坝等沟道防护设施，营造沟头、沟岸防护林以及沟底防冲林等水土保持林，配合沟道削坡、生态袋护坡等措施，构建完整的沟壑防护体系，以有效控制沟头溯源侵蚀和沟岸扩张。

（二）农田基础设施建设

针对黑土地盐碱，渍涝排水不畅，灌溉设施、路网、电网不配套以及田间道路不适应现代农机作业要求等问题，加强田间灌排工程建设和田块整治，优化机耕路、生产路布局，配套输配电设施，改善实施保护性耕作的基础条件。

1. 完善农田灌排体系

针对渍涝导致的土壤黏重和盐渍化等问题，按照区域化治理，灌溉与排水并重，渍、涝和盐碱综合治理的要求，以提高灌区输水、配水效率和排灌保证率为目标，对灌区渠首、骨干输水渠道、排水沟、渠系建筑物等进行配套完善和更新改造，强化排水骨干工程建设。加强骨干工程与田间工程的有效衔接配套，完善田间排灌渠系，形成顺畅高效的灌排体系。

2. 加强田块整治

为防治坡耕地水土流失，促进秸秆还田、深松深耕等农艺措施实施，依托高标准农田建设，推进旱地条田化、水田格田化建设，合理划分和适度归并田块，确定田块的适宜耕作长度与宽度。平整土地，合理调整田块地表坡降，提高耕作层厚度。完善灌区田间灌排体系，配套输配电设施，实现灌溉机井井井通电，大力推广节水灌溉，水田灌溉设计保证率不低于 80%。

3. 开展田间道路建设

为推进宜机化作业，优化耕作制度，保障黑土地保护农艺措施落地落实，按照农机作业和运输需要，优化机耕路、生产路布局，推进路网密度、路面宽度、硬化程度、附属设施等规范化建设，使耕作田块农机通达率平原地区 100%、丘陵山区 90%以上。

（三）肥沃耕作层培育

20 世纪 50 年代大规模开垦以来，东北典型黑土区逐渐由林草自然生态系统演变为人工农田生态系统，由于长期高强度利用，土壤有机质消耗流失多，秸秆、畜禽粪肥等有机物补充回归少，导致有机质含量大幅降低，耕地基础地力下降。加之长期的小马力农机作业，翻耕深度浅，耕作层厚度低于20厘米的耕地面积占一半。

1. 实施保护性耕作

优化耕作制度，推广应用少耕免耕秸秆覆盖还田、秸秆碎混翻压还田等不同方式的保护性耕作。在适宜地区重点推广免耕和少耕秸秆覆盖还田技术类型的梨树模式2.0，增加秸秆覆盖还田比例。其余地区，改春整地为秋整地，旱地采取在秋季收获后实施秸秆机械粉碎翻压或碎混还田，推广一年深翻两年（或四年）免耕播种的“一翻两免（或四免）”的龙江模式、中南模式；黑土层与障碍层梯次混合、秸秆与有机肥改良集成的阿荣旗模式；水田采取秋季收获时直接秸秆粉碎翻埋还田，或春季泡田搅浆整地的三江模式。

2. 实施有机肥还田

秋季根据当地土壤基础条件和降水量特点，推行深松（深耕）整地，以渐进打破犁底层为原则，疏松深层土壤。利用大中型动力机械，结合秸秆粉碎还田、有机肥抛撒，开展深翻整地。在粪肥丰富的地区建设粪污贮存发酵堆沤设施，以畜禽粪便为主要原料堆沤有机肥并施用。

3. 推行种养结合、粮豆轮作

推进种养结合，按照以种定养、以养促种原则，推进养殖企业、合作社、大户与耕地经营者合作，促进畜禽粪肥还田，种养结合用地养地。在适宜地区，以大豆为中轴作物，推进种植业结构调整，维持适当的迎茬比例解决大豆土传病害，加快建立米豆薯、米豆杂、米豆经等轮作制度。

通过肥沃耕作层培育，旱地耕作层厚度要达到30厘米，水田耕作层厚度要达到20~25厘米，土壤有机质含量达到当地自然条件和种植水平的中上等。

（四）黑土耕地质量监测评价

为加强黑土耕地变化规律的研究和此方案实施效果的监测评价，建立健全黑土区耕地质量监测评价制度，完善耕地质量监测评价指标体系和网络，合理布设耕地质量长期定位监测站点和调查监测点，通过长期定位监测跟踪黑土耕地质量变化趋势，建设黑土耕地质量数据库。加强黑土地保护建设项目实施效果监测评价，作为第三方评价的参考。探索运用遥感监测、信息化管理手段监管黑土耕地质量。

1. 按土壤类型设立长期定位监测网

依托中国科学院、中国农业科学院、中国农业大学，以及相关省份科研教育单位，按照土壤类型，建立黑土地保护利用长期监测研究站。根据黑土区气候条件、地形地貌、地形部位、土壤类型、种植作物等，统筹布设耕地质量监测网点，三江平原区、松嫩平原区、辽河平原区按每10万~15万亩布设1个监测点，大兴安岭东南麓区、长白山—辽东丘陵山区按每8万~10万亩布设1个监测点，监测黑土耕地质量主要指标。

2. 实施黑土地保护利用遥感监测

依托科研机构，探索将卫星和无人机多光谱、高光谱、地物光谱等遥感与探地雷达快速检测技术和地面监测技术融合，构建天空地多源数据监测体系，对耕地质量稳定性指标（地形部位、有效土层厚度、耕作层质地等）进行测定与分析，对易变性指标（有机质、全量养分、速效养分、含水量、pH值等）进行动态监测。探索结合大数据、物联网等信息化技术，实现监测指标快速获取、智能判断、综合评价。

3. 开展实施效果评价

与高标准农田建设相结合，开展黑土地保护利用工程实施效果评价。在高标准农田建设项目验收评价中，对道路通达率、灌排能力、农田林网化程度等进行评价，对影响耕地质量的土壤有机质、耕作层厚度等指标进行监测。及时开展项目效果评价，确保高标准农田建设在保护黑土地、提升耕地综合生产能力上发挥作用。完善黑土耕地质量监测指标体系和评价技术，开展执行期和任务完成时的数量和质量评价，监测工程实施效果。

第八章 高标准农田建设

第一节　高标准农田的概念和特点

一、高标准农田的概念

耕地是农业生产的重要物质基础，高标准农田是耕地中的精华。

由农业农村部牵头修订，经国家市场监督管理总局（国家标准化管理委员会）批准发布的《高标准农田建设　通则》（GB/T 30600—2022）（以下简称《通则》），用于统一指导全国的高标准农田建设。《通则》指出，高标准农田是指田块平整、集中连片、设施完善、节水高效、农电配套、宜机作业、土壤肥沃、生态友好、抗灾能力强，与现代农业生产和经营方式相适应的旱涝保收、稳产高产的耕地。这一定义是对高标准农田的最新解释。

从这一定义中可以看出，高标准农田必须是耕地，而不是园地、林地、草地等。耕地是指种植农作物的土地，包括水田、水浇地、旱地。其中，水田是指用于种植水稻、莲藕等水生农作物的耕地。包括实行水生、旱生农作物轮种的耕地。水浇地是指除水田、菜地外，有水源保证和灌溉设施，在一般年景能正常灌溉，种植旱生农作物（含蔬菜）的耕地。包括种植蔬菜的非工厂化的大棚用地。旱地是指无灌溉设施，主要靠天然降水种植旱生农作物的耕地，包括没有灌溉设施，仅靠引洪淤灌的耕地。

二、高标准农田的特点

从上述高标准农田的定义中，可以看出高标准农田有以下几个特点：田块平整、集中连片、设施完善、节水高效、农电配套、直机作业、土壤肥沃、生态友好、抗灾能力强，以及与现代农业生产和经营方式相适应的旱涝保收、高产稳产。

第二节　高标准农田的分区建设

依据区域气候特点、地形地貌、水土条件、耕作制度等因素，按照自然资源禀赋与经济条件相对一致、生产障碍因素与破解途径相对一致、粮食作物生产与农业区划相对一致、地理位置相连与省级行政区划相对完整的要求，将全国高标准农田建设分成 7 个区域。

以各分区的永久基本农田、粮食生产功能区和重要农产品生产保护区为重点，集中力量建设高标准农田，着力打造粮食和重要农产品保障基地。新增建设项目的建设区域应相对集中，土壤适合农作物生长，无潜在地质灾害，建设区域外有相对完善、能直接为建设区提供保障的基础设施。改造提升项目应优先选择已建高标准农田中建成年份较早、投入较低等建设内容全面不达标的建设区域，对于建设内容部分达标的项目区允许各地按照“缺什么、补什么”的原则开展有针对性的改造提升。对建设内容达标的已建高标准农田，若在规划期内达到规定使用年限，可逐步开展改造提升。限制建设区域包括水资源贫乏区域，水土流失易发区、沙化区等生态脆弱区域，历史遗留的挖损、塌陷、压占等造成土地严重损毁且难以恢复的区域，安全利用类耕地，易受自然灾害损毁的区域，沿海滩涂、内陆滩涂等区域。禁止在严格管控类耕地，自然保护地核心保护区，退耕还林区、退牧还草区，河流、湖泊、水库水面及其保护范围等区域开展高标准农田建设，防止破坏生态环境。

一、东北区

（一）概述

东北区包括辽宁、吉林、黑龙江三省，以及内蒙古的赤峰、通辽、兴安和呼伦贝尔四盟（市）。地势低平，山环水绕。耕地主要分布在松嫩平原、三江平原、辽河平原、西辽河平原，以及大小兴安岭、长白山和辽东半岛山麓丘陵。耕地集中连片，以平原区为主，丘陵漫岗区为辅。土壤类型以黑土、暗棕壤和黑钙土为主，是世界主要“黑土带”之一。耕地立地条件较好，土壤比较肥沃，耕地质量等级以中上等为主。春旱、低温冷害较严重，土壤墒情不足；部分耕地存在盐碱化和土壤酸化等障碍因素，土壤有机质下降、养分不平衡。坡耕地与风蚀沙化土地水土和养分流失较严重，黑土地退化和肥力下降风险较大。夏季温凉多雨，冬季严寒干燥，年降水量300~1 000毫米，水资源总量相对丰富，但分布不均；平原区地下水资源量约占水资源总量的33%，但局部地区地下水超采严重。农作物以一年一熟为主，是世界著名的“黄金玉米带”，也是我国优质粳稻、高油大豆的重要产区。农田基础设施较为薄弱，有效灌溉面积少，田间道路建设标准低，农田输配水、农田防护林和生态保护等工程设施普遍缺乏。已经建成高标准农田面积约1.67亿亩，未来建设任务仍然艰巨。已建高标准农田投资标准偏低，部分项目因设施不配套、老化或损毁，没有发挥应有作用，改造提升需求迫切。规划期内应加快推进高标准农田新增建设工作，兼顾改造提升任务，加强田间工程配套，提高田间工程标准，重点建设水稻、玉米、大豆、甜菜等保障基地。

（二）建设重点

针对黑土地退化、冬干春旱、水土流失、积温偏低等粮食生产主要制约因素，以完善农田灌排设施、保护黑土地、节水增粮为主攻方向，围绕稳固提升水稻、玉米、大豆、甜菜等粮食和重要农产品产能，开展高标准农田建设，亩均粮食产能达到650千克。

(1) 合理划分和适度归并田块，开展土地平整，田块规模适度。土地平整应避免打乱表土层与心土层，无法避免时应实施表土剥离回填工程。丘陵漫岗区沿等高线实施条田化改造。通过客土回填、挖高填低等措施保障耕作层厚度，平原区水浇地和旱地耕作层厚度不低于30厘米、水田耕作层厚度不低于25厘米。

（2）以黑土地保护修复为重点，加强黑土地保护利用。通过实施等高种植、增施有机肥、秸秆还田、保护性耕作、秸秆覆盖、深松深耕、粮豆轮作等措施，增加土壤有机质含量，保护修复黑土地微生态系统，提高耕地基础地力。结合耕地质量监测点现状分布情况，每5万亩左右建设1个耕地质量监测点，开展长期定位监测。高标准农田的土壤有机质含量平原区一般不低于30克/千克，耕地质量等级宜达到3.5等以上。

（3）适当增加有效灌溉面积，配套灌排设施，完善灌排工程体系。配套输配电设施，满足生产和管理需要。因地制宜开展管道输水灌溉、喷灌、微灌等高效节水灌溉设施建设。三江平原等水稻主产区，完善地表水与地下水合理利用工程体系，控制地下水开采，推广水稻控制灌溉。改造完善平原低洼区排水设施。实现水田灌溉设计保证率不低于80%，旱作区农田排水设计暴雨重现期达到5~10年一遇，水稻区农田排水设计暴雨重现期达到10年一遇。

（4）合理确定路网密度，配套机耕路、生产路。机耕路路面宽度宜为4~6米，一般采用泥结石或砂石路面，暴雨冲刷严重地区应采用硬化措施。生产路路面宽度一般不超过3米，一般采用泥结石或砂石路面。平原区需满足大型机械化作业要求，路面宽度可适度放宽，修筑下田坡道等附属设施。田间道路直接通达的田块数占田块总数的比例，平原区达到100%、丘陵漫岗区达到90%以上。

（5）在风沙危害区配套建设和修复农田防护林，水田区可结合干沟（渠）和道路设置防护林。丘陵漫岗区应合理修筑截水沟、排洪沟等坡面水系工程和谷坊、沟头防护等沟道治理工程，配套必要的农田林网，形成完善的坡面和沟道防护体系，控制农田水土流失。受防护的农田占建设区面积的比例不低于85%。

二、黄淮海区

（一）概述

黄淮海区包括北京、天津、河北、山东和河南五省(市)。地域广阔，平原居多，山地、丘陵、河谷穿插。耕地主要分布在滦河、海河、黄河、淮河等冲积平原，以及燕山、太行山、豫西、山东半岛山麓丘陵。耕地以平原区居多。土壤类型以潮土、砂姜黑土、棕壤、褐土为主。耕地立地条件较好，土壤养分含量中等，耕地质量等级以中上等居多。耕作层变浅，部分地区土壤可溶性盐含量和碱化度超过限量，土壤板结，犁底层加厚，容重变大，蓄水保肥能力下降。淮河北部及黄河南部地区砂姜黑土易旱易涝，地力下降潜在风险大。夏季高温多雨，春季干旱少雨，年降水量500~900毫米，但时空分布差异大，灌溉水总量不足，地下水超采面积大，形成多个漏斗区。农作物以一年两熟或两年三熟为主，是我国优质小麦、玉米、大豆和棉花的主要产区。农田基础设施水平不高，田间沟渠防护少，灌溉水利用效率偏低。已经建成高标准农田面积约1.76亿亩，未来建设任务仍然较重。已建高标准农田投资标准偏低，部分项目工程设施维修保养不足、老化损毁严重，无法正常运行，改造提升需求迫切。规划期内应统筹推进高标准农田新增建设和改造提升，重点建设小麦、玉米、大豆、棉花等保障基地。

（二）重点建设

针对春旱夏涝易发、地下水超采严重、土壤有机质含量下降、土壤盐碱化等粮食生产主要制约因素，以提高灌溉保证率、农业用水效率、耕地质量等为主攻方向，围绕稳固提升小麦、玉米、大豆、棉花等粮食和重要农产品产能，开展高标准农田建设，亩均粮食产能达到800千克。

（1）合理划分、提高田块归并程度，满足规模化经营和机械化生产需要。山地丘陵区因地制宜修建水平梯田。实现耕地田块相对集中、田面平整，耕作层厚度一般达到25厘米以上。

（2）推行秸秆还田、深耕深松、绿肥种植、有机肥增施、配方施肥、施用土壤调理剂、客土改良质地过砂土壤等措施，保护土壤健康。综合利用耕作压盐、工程改碱压盐等措施，开展盐碱化土壤治理。有条件的地方配套秸秆还田和农家肥积造设施。结合耕地质量监测点现状分布情况，每4万亩左右建设1个耕地质量监测点，开展长期定位监测。土壤有机质含量平原区一般不低于15克/千克、山地丘陵区一般不低于12克/千克，土壤pH值一般保持在6.0~7.5，盐碱区土壤pH值不超过8.5，耕地质量等级宜达到4等以上。

（3）改造提升田间灌排设施，完善井渠结合灌溉体系，防止次生盐碱化。推进管道输水灌溉、喷灌、微灌等高效节水灌溉工程建设。配套输配电设施，满足生产和管理需要。山地丘陵区因地制宜建设小型蓄水设施，提高雨水和地表水集蓄利用能力。水资源紧缺地区灌溉保证率达到50%以上，其余地区达到75%以上，旱作区农田排水设计暴雨重现期达到5~10年一遇。

（4）合理确定路网密度，配套机耕路、生产路，修筑机械下田坡道等附属设施。机耕路路面宽度一般为4~6米，宜采用混凝土、沥青、碎石等材质，暴雨冲刷严重地区应采用硬化措施。生产路路面宽度一般不超过3米，宜采用碎石、素土等材质。田间道路直接通达的田块数占田块总数的比例，平原区达到100%、丘陵区达到90%以上。

（5）农田林网布设应与田块、沟渠、道路有机衔接。在有显著主害风的地区，应采取长方形网格配置，应尽可能与生态林、环村林等相结合。合理修建截水沟、排洪沟等工程，达到防洪标准，防治水土流失。受到有效防护的农田面积比例应不低于90%。

三、长江中下游区

（一）概述

长江中下游区，包括上海、江苏、安徽、江西、湖北和湖南六省（市）。平原与丘岗相间，河谷与丘陵交错，平原区河网密布。耕地主要分布在江汉平原、洞庭湖平原、鄱阳湖平原、皖苏沿江平原、里下河平原和长江三角洲平原，以及江淮、江南丘陵山地。大部分耕地在平原区，坡耕地不多。土壤类型以水稻土、黄壤、红壤、潮土为主。土壤立地条件较好，土壤养分处于中等水平，耕地质量等级以中等偏上为主。土壤酸化趋势较重，有益微生物减少，存在滞水潜育等障碍因素。夏季高温多雨，冬季温和少雨，年降水量1 000~

1 500毫米，水资源丰富，灌溉水源充足。农作物以一年两熟或一年三熟为主，是我国水稻、油菜籽、小麦和棉花的重要产区。农田基础设施配套不足，田间道路、灌排、输配电和农田防护与生态环境保护等工程设施参差不齐。已经建成高标准农田面积约1.77亿亩，未来建设任务仍然较重。已建高标准农田建设标准不高，防洪抗旱能力不足，部分项目因工程设施不配套、老化或损毁问题，长期带“病”运行，改造提升需求迫切。规划期内应加强农田防护工程建设，提升平原圩区、渍害严重区的农田防洪除涝能力，有序推进高标准农田新增建设和改造提升，重点建设水稻、小麦、油菜籽、棉花等保障基地。

（二）重点建设

针对田块分散、土壤酸化、土壤潜育化、暴雨洪涝灾害多发、季节性干旱等主要制约因素，以增强农田防洪排涝能力、土壤改良为主攻方向，围绕稳固提升水稻、小麦、油菜籽、棉花等粮食和重要农产品产能，开展高标准农田建设。亩均粮食产能达到1 000千克。

（1）合理划分和适度归并田块，平原区以整修条田为主，山地丘陵区因地制宜修建水平梯田。水田应保留犁底层。耕作层厚度一般在20厘米以上。

（2）改良土体，消除土体中明显的黏盘层、砂砾层等障碍因素。通过施用石灰质物质等方法，治理酸化土壤。培肥地力，推行种植绿肥、增施有机肥、秸秆还田、测土配方等措施，有条件的地方配套水肥一体化、农家肥积造设施。结合耕地质量监测点现状分布情况，每3.5万亩左右建设1个耕地质量监测点，开展长期定位监测。土壤有机质含量宜达到20克/千克以上，土壤pH值一般达到5.5~7.5，耕地质量等级宜达到4.5等以上。

（3）开展旱、涝、渍综合治理，合理建设田间灌排工程。因地制宜修建蓄水池和小型泵站等设施，加强雨水和地表水利用。推行渠道防渗、管道输水灌溉和喷灌、微灌等节水措施。开展沟渠配套建设和疏浚整治，增强农田排涝能力，防治土壤潜育化。配套输配电设施，满足生产和管理需要。倡导建设生态型灌排系统，加强农田生态保护。水稻区灌溉保证率达到90%，水稻区农田排水设计暴雨重现期达到10年一遇，旱作区农田排水设计暴雨重现期达到5~10年一遇。

（4）合理规划建设田间路网，优先改造利用原有道路，平原区田间道路应短顺平直，山地丘陵区应随坡就势。机耕路路面宽度宜为3~6米，宜采用沥青、混凝土、碎石等材质，重要路段应采用硬化措施。生产路路面宽度一般不超过3米，宜采用碎石、素土等材质，暴雨冲刷严重地区可采用硬化措施。配套建设桥、涵和农机下田设施，满足农机作业、农资运输等农业生产要求。鼓励建设生态型田间道路，减少硬化道路对生态的不利影响。田间道路直接通达的田块数占田块总数的比例，平原区达到100%、丘陵区达到90%以上。

（5）新建、修复农田防护林，选择适宜的乡土树种，沿田边、沟渠或道路布设，宜采用长方形网格配置。水土流失易发区，合理修筑岸坡防护、沟道治理、坡面防护等设施。农田防护面积比例应不低于80%。

四、东南区

（一）概述

东南区，包括浙江、福建、广东和海南四省。平原较少，山地丘陵居多。耕地主要分布在钱塘江、珠江、闽江、韩江、南渡江三角洲平原，以及浙闽、南岭、海南丘陵山地。耕地以平地居多。土壤类型以水稻土、赤红壤、红壤、砖红壤为主。耕地立地条件一般，土壤养分处于中等水平，耕地质量等级以中等偏下为主。部分地区农田土壤酸化、潜育化，部分水田冷浸问题突出。气候温暖多雨，台风暴雨多发，年降水量1 400~2 000毫米，水资源丰沛。农作物以一年两熟或一年三熟为主，是我国水稻、糖料蔗重要产区。农田基础设施配套不足，田间道路、灌排、输配电和农田防护等工程设施建设标准不高。已经建成高标准农田面积约0.55亿亩，未来建设任务较多。已建高标准农田建设标准不高，防御台风暴雨能力不足，部分项目因工程设施不配套、老化或损毁问题，长期带“病”运行，改造提升需求迫切。规划期内应加强农田基础设施建设，增强农田防洪抗灾能力，加大土壤酸化、土壤潜育化和冷浸田改良，有序推进高标准农田新增建设和改造提升，重点建设水稻、糖料蔗等保障基地。

（二）重点建设

针对山地丘陵多、地块小而散、土壤酸化、土壤潜育化、台风暴雨危害等粮食生产主要制约因素，以增强农田防御风暴能力、改良土壤酸化、改良土壤潜育化为主攻方向，围绕巩固提升水稻、糖料蔗等粮食和重要农产品产能，开展高标准农田建设，亩均粮食产能达到900千克。

（1）开展田块整治，优化农田结构和布局。平原区以修建水平条田为主，山地丘陵区因地制宜修筑梯田，梯田化率达到90%以上。通过表土层剥离再利用、客土回填、挖高垫低等方式开展土地平整，增加农田土体厚度，耕作层厚度宜达到20厘米以上。

（2）推行种植绿肥、增施有机肥、秸秆还田、冬耕翻土晒田、施用石灰深耕改土、测土配方施肥、水肥一体化、水旱轮作等措施，培肥耕地基础地力，改良渍涝潜育型耕地，治理酸性土壤，促进土壤养分平衡。结合耕地质量监测点现状分布情况，每3.5万亩左右建设1个耕地质量监测点，开展长期定位监测。土壤有机质含量宜达到20克/千克以上，土壤pH值一般保持在5.5~7.5，耕地质量等级宜达到5等以上。

（3）按照旱、涝、渍、酸综合治理要求，合理建设田间灌排工程。鼓励建设生态型灌排系统，保护农田生态环境。因地制宜建设和改造灌排沟渠、管道、泵站及渠系建筑物，加强雨水集蓄利用、沟渠清淤整治等工程建设。完善配套输配电设施。水稻区灌溉保证率达到85%以上，水稻区农田排水设计暴雨重现期达到10年一遇，旱作区农田排水设计暴雨重现期达到5~10年一遇。

（4）开展机耕路、生产路建设和改造，科学配套建设农机下田坡道、桥、涵、错车点和末端掉头点等附属设施，满足农机作业、农资运输等农业生产要求。机耕路路面宽度宜为3~6米，生产路路面宽度一般不超过3米。暴雨冲刷严重地区应采用硬化措施。田间道路直接通达的田块数占田块总数的比例，平原区达到100%，丘陵区达到90%以上。

（5）因地制宜开展农田防护和生态环境保护工程建设。台风威胁严重区，合理修建农田防护林、排水沟和护岸工程。水土流失易发区，与田块、沟渠、道路等工程相结合，合理开展岸坡防护、沟道治理、坡面防护等工程建设。受防护的农田面积比例应不低于80%。

五、西南区

（一）概述

西南区，包括广西、重庆、四川、贵州和云南五省（区、市）。地形地貌复杂，喀斯特地貌分布广，高原山地盆地交错。耕地主要分布在成都平原、川中丘陵和盆周山区，以及广西盆地、云贵高原的河流冲积平原、山地丘陵。以坡耕地为主，地块小而散，平地较少。土壤类型以水稻土、紫色土、红壤、黄壤为主。土壤立地条件一般，耕地质量等级以中等为主。土壤酸化较重，农田滞水潜育现象普遍；山地丘陵区土层浅薄、贫瘠、水土流失严重；石漠化面积大。气候类型多样，年降水量600~2 000毫米，水资源较丰沛，但不同地区、季节和年际之间差异大。生物多样性突出，农产品种类丰富，以一年两熟或一年三熟为主，是我国水稻、玉米、油菜籽重要产区和糖料蔗主要产区。农田建设基础条件较差，田间道路、灌排等工程设施普遍不足，农田防护能力差，水土流失严重，抵御自然灾害能力不足。已经建成高标准农田面积约1.17亿亩，未来建设任务依然较多。已建高标准农田建设标准不高、维修保养难度大，部分项目因工程设施不配套、老化或损毁问题不能正常发挥作用，改造提升需求迫切。规划期内应加强细碎化农田整理，丘陵区建设水平梯田，配套农田防护设施，大力加强高标准农田新增建设和改造提升，重点建设水稻、玉米、油菜籽、糖料蔗等保障基地。

（二）重点建设

针对丘陵山地多、耕地碎片化、工程性缺水、土壤保水能力差、水土流失易发等粮食生产主要制约因素，以提高梯田化率和道路通达度、增加土体厚度为主攻方向，围绕稳固提升水稻、玉米、油菜籽、糖料蔗等粮食和重要农产品产能，开展高标准农田建设，亩均粮食产能达到850千克。

（1）山地丘陵区因地制宜修筑梯田，田面长边平行等高线布置，田面宽度应便于机械化作业和田间管理，配套坡面防护设施。在易造成冲刷的土石山区，结合石块、砾石的清理，就地取材修筑石坎。平坝区以修建条田为主，提高田块格田化程度。土层较薄地区实施客土填充，增加耕作层厚度。梯田化率宜达到90%以上，耕作层厚度宜达到20厘米以上。

（2）因地制宜建设秸秆还田和农家肥积造设施，推广秸秆还田、增施有机肥、种植绿肥等措施，提升土壤有机质含量。合理施用石灰质物质等土壤调理剂，改良酸化土壤。采用水旱轮作等措施，改良渍涝潜育型耕地。实施测土配方施肥，促进土壤养分相对均衡。结合耕地质量监测点现状分布情况，每3.5万亩左右建设1个耕地质量监测点，开展长期定位监测。土壤有机质含量宜达到20克/千克以上，土壤pH值一般保持在5.5~7.5，耕地质量等级宜达到5等以上。

（3）修建小型泵站、蓄水设施等，加强雨水集蓄利用，开展沟渠清淤整治，提高供水保障能力。盆地、河谷、平坝地区配套灌排设施，完善田间灌排工程体系。发展管灌、喷灌、微灌等高效节水灌溉，提高水资源利用效率。配套输配电设施，满足生产和管理需要。水稻区灌溉设计保证率一般达到80%以上，水稻区农田排水设计暴雨重现期达到10年一遇，旱作区农田排水设计暴雨重现期达到5~10年一遇。

（4）优化田间道路布局，合理确定路网密度、路面宽度、路面材质，整修和新建机耕路、生产路，配套建设农机下田（地）坡道、错车点、末端掉头点、桥、涵等附属设施，提高农田道路通达率和农业生产效率。田间道路直接通达的田块数占田块总数的比例，平原区达到100%，山地丘陵区不低于90%。

（5）因害设防，合理新建、修复农田防护林。在水土流失易发区，修筑岸坡防护、沟道治理、坡面防护等设施。在岩溶石漠化地区，综合采用拦沙谷坊坝、沉沙池、地埂绿篱等措施，改善农田生态环境，提高水土保持能力。农田防护面积比例应不低于90%。

六、西北区

（一）概述

西北区，包括山西、陕西、甘肃、宁夏和新疆（含新疆生产建设兵团）五省（区），以及内蒙古的呼和浩特、锡林郭勒、包头、乌海、鄂尔多斯、巴彦淖尔、乌兰察布、阿拉善八盟（市）。地域广阔，地貌多样，有高原、山地、盆地、沙漠、戈壁、草原，以塬地、台地和谷地为主。耕地主要分布在黄土高原、汾渭平原、河套平原、河西走廊，以及伊犁河、塔里木河等干支流谷地和内陆诸河沿岸的绿洲区。土壤类型以黄绵土、灌淤土、灰漠土、褐土、栗褐土、栗钙土、潮土、盐化土为主。耕地立地条件较差，土壤养分贫瘠，耕地质量等级以中下等为主。土壤有机质含量低，盐碱化、沙化严重，地力退化明显，蓄水保肥能力差。光照充足，风沙较大，生态环境脆弱，年降水量 50~400 毫米，干旱缺水，是我国水资源最匮乏地区，农业开发难度较大。农作物以一年一熟为主，是我国小麦、玉米、棉花、甜菜的重要产区。农田建设基础条件薄弱，田间道路连通性差、通行标准低，农田灌排工程普遍缺乏，农田防护水平低，土壤沙化、盐碱化严重，农业生产力水平较低。已经建成高标准农田面积约 1.02 亿亩，未来建设任务仍然不少。已建高标准农田维修保养难度较大，部分项目因工程设施不配套、老化或损毁问题不能正常发挥作用。规划期内应加强土壤改良和农田节水工程建设，提升道路通行标准，积极推进高标准农田新增建设和改造提升，重点建设小麦、玉米、棉花、甜菜等保障基地。

（二）重点建设

针对风沙侵蚀、干旱缺水、土壤肥力不高、水土流失严重、次生盐碱化等粮食生产主要制约因素，以完善农田基础设施、培肥地力为主攻方向，围绕稳固提升小麦、玉米、棉花、甜菜等粮食和重要农产品产能，开展高标准农田建设，亩均粮食产能达到 450 千克。

（1）开展土地平整，合理划分和适度归并田块。土地平整应避免打乱表土层与心土层，无法避免时应实施表土剥离回填工程。汾渭平原、河套平原、河西走廊、伊犁河谷地、塔里木河谷地等平原区依托有林道路或较大沟渠，进行田块整合归并形成条田。黄土高原等丘陵沟壑区因地制宜修建等高梯田，增强农田水土保持能力。耕作层厚度达到25厘米以上。

（2）培肥耕地地力，因地制宜建设秸秆还田和农家肥积造设施，大力推行秸秆还田、增施有机肥、种植绿肥、测土配方施肥等措施。通过工程手段、施用土壤调理剂等措施改良盐碱土壤。结合耕地质量监测点现状分布情况，每5万亩左右建设1个耕地质量监测点，开展长期定位监测。土壤有机质含量宜达到12克/千克以上，土壤pH值一般保持在6.0~7.5，盐碱地pH值不高于8.5，耕地质量等级宜达到6等以上。

（3）汾渭平原、河套平原、河西走廊、伊犁河谷地、塔里木河谷地等平原区完善田间灌排设施，大力发展管灌、喷灌、微灌等高效节水灌溉，提高水资源利用率。黄土高原等丘陵沟壑区因地制宜改造建设蓄水设施和小型泵站，加强雨水和地表水利用，提高灌溉保障能力。配套建设输配电设施，满足生产和管理需要。高标准农田灌溉保证率达到50%以上，旱作区农田排水设计暴雨重现期达到5~10年一遇。

（4）合理确定路网密度，配套机耕路、生产路，修筑桥、涵和下田坡道等附属设施。机耕路路面宽度宜为3~6米，生产路路面宽度一般控制在3米以下，满足农机作业、农资运输等农业生产要求。田间道路直接通达的田块数占田块总数的比例，平原地区达到100%，丘陵沟壑区达到90%以上。

（5）风沙危害区配套建设和修复农田防护林，丘陵沟壑区合理修筑截水沟、排洪沟等坡面水系工程和谷坊、沟头防护等沟道治理工程，保护农田生态环境，减少水土流失，受防护的农田占建设区面积的比例不低于90%。

七、青藏区

（一）概述

青藏区，包括西藏、青海。地势高耸，雪山连绵，湖沼众多，湿地广布，自然保护区面积大，是我国西部重要的生态屏障。耕地主要分布在南部雅鲁藏布江、怒江、澜沧江、金沙江等干支流谷地，东北部黄河干流及湟水河谷地，北部柴达木盆地周围。山地和丘陵地较多，坡耕地占比较高。土壤类型以亚高山草甸土、黑钙土、栗钙土为主。耕地立地条件差，土壤养分贫瘠，耕地质量等级较低。土壤肥力差，土层浅薄，存在砂砾层等障碍层次。青藏高原是亚洲许多著名大河发源地，水资源总量占全国的22.71%，年降水量50~2 000毫米。高寒气候，可耕地少，农业发展受到限制，农作物以一年一熟的小麦、青稞生产为主。农田建设基础条件薄弱，田间道路、灌排、输配电和农田防护与生态环境保护等工程设施普遍短缺，农业生产力水平低下。已经建成高标准农田面积约617万亩，未来建设任务仍然较重。已建高标准农田维修保养十分困难，工程设施不配套、老化或损毁问题最为突出。规划期内应加大农田生态保护，加强沿河引水灌溉区农田开发建设，科学推进高标准农田新增建设和改造提升，重点建设小麦、青稞等保障基地。

（二）重点建设

针对高原严寒、热量不足、耕地土层薄、土壤贫瘠、生态环境脆弱等主要制约因素，以完善农田基础设施、改良土壤为主攻方向，围绕稳固提升小麦、青稞等粮食和重要农产品产能，开展高标准农田建设，亩均粮食产能达到300千克。

（1）综合考虑农机作业、灌溉排水和生态保护需要，开展田块整治。平原区推行水平条田建设，山地丘陵区开展水平梯田化改造，通过填补客土、挖深垫浅增加农田土体厚度，使耕作层厚度达到20厘米以上。

（2）因地制宜通过农艺、生物、化学、工程等措施，加强耕地质量建设，改善土壤结构，培肥基础地力，促进养分平衡，治理土壤盐碱化，提高耕地粮食综合生产能力。结合耕地质量监测点现状分布情况，每5万亩左右建设1个耕地质量监测点，开展长期定位监测。土壤有机质含量宜达到12克/千克以上，土壤pH值一般保持在6.0~7.5，耕地质量等级宜达到7等以上。

（3）合理建设田间灌溉排水工程，大力推行渠道防渗、管道输水灌溉、喷灌、微灌等节水措施，配套完善输配电设施，增加农田有效灌溉面积，提高农业灌溉用水效率，增强农田抗旱防涝能力，农田灌溉设计保证率达到50%以上，旱作区农田排水设计暴雨重现期达到5~10年一遇。

（4）开展田间机耕路、生产路建设和改造，机耕路路面宽度宜为3~6米，生产路路面宽度一般不超过3米，可酌情采用混凝土、沥青、碎石、泥结石或素土等材质，暴雨冲刷严重地区应采用硬化措施。配套建设农机下田坡道、桥、涵、错车点和末端掉头点等附属设施，提升完善农田路网工程。田间道路直接通达的田块数占田块总数的比例，平原区达到100%，山地丘陵区达到90%以上。

（5）建设农田防护和生态环境保护工程。风沙危害区，结合立地和水源条件，合理选择树种、修建农田防护林。水土流失区，与田块、沟渠、道路等工程相结合，配套建设岸坡防护、沟道治理、坡面防护等工程，增强农田保土、蓄水保肥能力。受防护的农田面积比例应不低于90%。

第三节　高标准农田的基础设施建设

一、田块整治

（一）概念

耕作田块是由田间末级固定沟、渠、路、田坎等围成的，满足农业作业需要的基本耕作单元。应因地制宜进行耕作田块布置，合理规划，提高田块归并程度，实现耕作田块相对集中。耕作田块的长度和宽度应根据气候条件、地形地貌、作物种类、机械作业、灌溉与排水效率等因素确定，并充分考虑水蚀、风蚀。

田块整治工程包括耕作田块修筑工程和耕作层地力保持工程。田块修筑工程分为条田修筑、梯田修筑，主要包括：土石方工程、田埂（坎）修筑工程。耕作层地力保持工程包括表土剥离与回填、客土改良、加厚土层。

（二）规划设计要求

田块整治工程规划设计应先对田块进行规划，初步确定土地平整区域与非平整区域，对布局不合理、零散的田块应划入土地平整区域，进行零散田块归并，全面配套沟、渠、路、林等田间基础设施和农田防护措施。

（三）设计基本原则

一是考虑土地权属调整，权属界线宜沿沟、渠、路、田坎布设；二是设计应因地制宜，并与灌溉、排水工程设计相结合；三是土地平整时应加强耕作层的保护；四是土地平整应按照就近、安全、合理的原则取土或弃土，应通过挖高填低，尽量实现田块内部土方的挖填平衡，平整土方工程量总量最小。

农田连片规模：山地丘陵区连片面积500亩以上，田块面积45亩以上；平川区连片面积5 000亩以上，田块面积150亩以上。

（四）田块修筑工程

按平整的田块类型划分为条田修筑、梯田修筑和田埂（坎）修筑。

1. 条田修筑

地面坡度为0°~5°的耕地宜修建条田，田面坡度旱作农田1/800~1/500、灌溉农田1/2 000~1/1 000。条田形态宜为矩形，水流方向田块长度不宜超过200米，条田宽度取机械作业宽度的倍数，宜为50~100米。

2. 梯田修筑

地面坡度为5°~25°的坡耕地宜修建水平梯田，田面平整，并构成1°反坡梯田，梯田化率达到90%，旱地梯田横向坡度宜外高内低。田块规模应根据不同的地形条件、灌排条件、耕作方式等确定，梯田长边宜平行于地形等高线布置，长度宜为100~200米，田面宽度应便于机械作业和田间管理。

3. 田埂（坎）修筑

田埂（坎）应平行等高线或大致垂直农沟（渠）布置，应有配套工程措施进行保护，因地制宜采用植物护坎、石坎、土石混合坎等保护方式。在土质黏性较好的区域，宜采用植物护坎，植物护坎高度不宜超过1米。在易造成冲刷的土石山区，应结合石块、砾石的清理，就地取材修筑石坎，石坎高度不宜超过2米。修筑的田埂稳定牢固，石埂稳定可防御20年一遇暴雨，土埂稳定可防御5~10年一遇暴雨。

（五）耕作层地力保持工程

1. 耕作层剥离与回填

土地平整时应将耕作层剥离，剥离后的耕作层土壤集中堆放到指定区域，土地平整后应将耕作层土壤均匀回填至平整区。耕作层回填厚度不小于25厘米。剥离耕作层土壤的回填率应不低于80%，并使用机械或人工铺摊均匀，在坡改梯后的耕地上回填土壤，应根据水土保持要求增加竹节沟或梯田田埂设计。耕作层回填前田面必须达到设计回填耕作层底面高程。

2. 客土回填

当项目区内土层厚度和耕作土壤质量不能满足作物生长、农田灌溉排水和耕作需要时，应该采取客土回填方式消除土壤过砂、过黏、过薄等不良因素，改善土壤质地，使耕层质地成为壤土。回填作为底土的客土必须有一定的保水性，碎石和砂砾等粗颗粒含量不超过20%。通过加厚土层，使一般农田土层厚度达到100厘米以上，沟坝地、河滩地等土层厚度不少于60厘米，具备优良品种覆盖度达到100%水平的土壤基础条件。

二、灌溉与排水

（一）灌溉排水工程设计一般规定和要求

灌溉与排水工程包括：水源工程、输配水工程及田间工程。

灌溉技术主要包括：渠灌技术、管灌技术、喷灌技术、微灌技术（含滴灌、涌泉灌、微喷灌、渗灌）。

灌溉水源应以地表水为主、地下水为辅、天然降水为补充。对地下水超采、限采区应严格执行当地水资源管理的有关规定，所有输配水设施均应安装水量计量设备。

灌排渠（管）系建筑物及管理房应配套完善，建议采用国家或省推荐的定型设计图纸，以使项目范围内各型建筑物达到形式统一、协调。

末级固定灌排渠、沟、管应结合田间道路布置，以节约用地，方便管理。末级固定灌排渠、沟、管密度及间距应符合《灌溉与排水工程设计标准》（GB 50288—2018）等有关标准、规范或规定。

灌溉排水工程施工时应根据安全保护需要，在现场设置必要的安全警示牌或警示标志。

（二）灌溉设计标准及设计基准年选择

确定灌溉设计标准可采用灌溉保证率法和抗旱天数法。一般情况下，对干旱地区或水资源紧缺地区且以旱作物为主的，渠灌、管灌的灌溉设计保证率可取50%～75%，半干旱、半湿润地区或水资源不稳定地区，渠灌、管灌的灌溉设计保证率取70%～80%；喷灌、微灌的灌溉设计保证率可取85%～95%。

灌溉水利用系数取值：渠道防渗输水灌溉工程，小型灌区不应低于0.70，地下水灌区不应低于0.80，管灌、喷灌工程不应低于0.80，微喷灌工程不应低于0.85，滴灌工程不应低于0.90。

设计基准年可选择最近一年。

（三）水资源供需平衡分析

项目区水资源开发利用状况及可供水量计算，包括水利工程现状供水能力（包括地表水、地下水、过境水）、新开发水源的潜力及可行性分析。

灌溉制度的拟定及需水量计算：作物种植比例应符合当地种植结构调整计划，灌溉制度应结合当地群众多年丰产灌水经验科学合理地制定，灌溉方式应结合作物种植种类及灌水特点择优确定。

灌溉用水量根据所制定的灌区灌溉制度并考虑灌溉水利用系数等进行计算。

灌区供需水平衡分析计算应以独立水源灌区为计算单元进行。供需水平衡分析后必须有明确结论，如出现不平衡时应提出相应的技术措施。

（四）工程主要建设内容

渠道要说明材料、断面形式、尺寸、长度、厚度等；渠系建筑物要说明建筑物的名称、数量等；管道要说明材质、管径、长度、工作压力等；管系建筑物要说明建筑物的名称、数量等；塘坝、水池、旱井等要说明容积及配套设施；泵站要说明装机容量及其配套设施；机井要说明单井流量、眼数及配套设施等。

（五）水源工程设计说明

灌溉水源主要包括：河流、水库、池塘、湖泊、机井(群)、渠道等。

机井（群）设计说明：包括现状机井深度、井孔直径、井距、井管材料、单井出水量、动水位、静水位等；所配套的水泵及输配变电设备的规格型号及容量等；各类设备新近安装的年份或年限；机井管理房，井台、井罩现状；有关部门颁发的取水许可证时间及许可取水量以及各机井存在的问题等。根据各井灌区农作物的种类、比例等，依据灌溉制度，合理确定所需的机井数量，提出需要配套的水泵及变配电设备规格型号、数量等。

水库、池塘、湖泊、水窖等设计说明：包括水库、湖泊的蓄水容积及水窖、池塘的集水面积、蓄水容积及结构状况；水库、池塘、湖泊、水窖每年或作物生育期内各阶段的蓄水情况；其所配套的建筑物的形式、数量、规模等；并结合工程现状，根据工程需要提出需要新建或改造的建筑物。

河流、渠道水源工程说明：包括每年或作物生育期内各阶段河流、渠道的来水流量、水位变化状况；取水建筑物现状及完好程度，校核取水流量能否满足设计灌溉所需水量，并提出相应的工程措施及设计方案。

泵站取水水源工程设计说明：包括泵站的建设性质、取水水源类型、设计流量、特征水位、地形扬程、机泵选型及运行工况等；所配套机电及输变电设备等情况；泵站各主要建筑物结构形式、尺寸等；已建泵站存在问题及所需改造的内容等。

（六）输水工程设计说明

输水工程主要包括：输水渠、管以及所配套建筑物等。说明输水工程的建设性质、现状输水形式、结构尺寸、流量、长度及存在问题等，根据设计流量复核已建工程的过流能力，提出是否需改造的理由及有关改造内容。

（七）灌区工程设计说明

灌区工程主要包括：各级配水渠、管以及所配套的建筑物等。说明灌区工程的建设性质，灌区现状及存在问题等，根据设计流量复核已建工程的过流能力，提出是否需要改造的理由及有关改造内容；针对不同作物所选用的节水灌溉技术，并进行分类设计计算等。

灌区工程要说明工程采用的灌溉方式及总体布局，着重阐述清楚水源类型、输水形式以及采用的灌溉技术和田间工程布置、控制灌溉面积等。

喷灌工程确定总体布置、喷头选型、布置间距、设计流量、工作制度、运行方式、管网布置，设计流量、干支管水力计算及管径，水泵选型、主要建筑物形式等。

微灌工程确定灌水器选型、灌水器布置、工作制度、运行方式、系统布置、毛管设计、干支管水力计算及管径、首部枢纽设计、主要建筑物形式等。

低压管道输水灌溉确定出水口间距、灌水周期、设计流量、田块规格、管网布局、干支管水力计算及管径、主要建筑物形式等。

机井改造工程原则上要建立机井控制保护+智能灌溉控制模式，实现机井远程启停计量、信息自动生成、数据物联传输共享。

高效节水项目的喷灌、微灌工程以及核心示范区工程，原则上要建成水肥一体化自动控制装置，实现水、肥、药智能控制运行监测，实现区域集成物联网云平台，自动采集分析各种信息数据，适时进行运行控制调节。

（八）软体集雨水窖新型材料应用

软体集雨水窖是采用一种高分子“合金”织物增强柔性复合材料制成的，具有抗撕裂、抗拉伸强度高，牢度好，阻燃、耐酸碱盐稳定性高，高温不软化、低温不硬脆，耐候性强，对环境无污染，经济环保等优点。与传统集雨水窖（池）相比，具有强度高、寿命长、密封好、不渗漏、耐高温严寒、安装简便、经济环保等优点。

软体集雨水窖主要用于集雨及调节水量，以缓解北方缺水地区水资源紧缺状况，同时，还可作为小面积灌区的水量调节设施。软体集雨水窖的安装可参考全国农业技术推广服务中心节水处高效节水技术示范项目指导意见中的有关规定进行。

三、田间道路

高标准农田建设项目田间道路包括田间道（机耕路）和生产路，其中田间道按主要功能和使用特点分为田间主道和田间次道。田间道路设计应根据确定的道路等级、通行荷载、限行速度等指标进行计算设计。田间道路应尽量在原有基础上修建，应与第二次全国土地调查数据库或实施后的第三次全国国土调查数据库比对核实，尽量少占用耕地、不能形成新占基本农田。在当地村民需求强烈且确需建设混凝土路面的地方，允许建设适量混凝土路面，但田间道路建设的财政资金投入比例原则上以县为单位，不得超过财政总投入的40%。

（一）田间道路功能

田间主道指项目区内连接村庄与田块，供农业机械、农用物资和农产品运输通行的道路。田间次道指连接生产路与田间主道的道路。生产路指项目区内连接田块与田块、田块与田间道，为田间作业服务的道路。

（二）田间道路布置

（1）田间主道应充分利用项目区内地形地貌条件，从方便农业生产与生活、有利于机械化耕作和节省道路占地等方面综合考虑，因地制宜，改善项目区内的交通和生产生活环境。

（2）田间主道、田间次道宜沿斗渠（沟）一侧布置，路面高程不低于堤顶高程。

（3）田间道路布置应满足农田林网建设的要求。

（4）项目区内各级道路应做好内外衔接，统一协调规划，使各级田间道路形成系统网络。

（5）对于丘陵山地区，田间道路布置还应尽量依地形、地貌变化，沿沟边或沟底布置，以减少新建田间道路的开挖或回填土方。

（6）平面设计的道路平曲线主要技术指标见表 8-1。

表 8-1 道路平曲线主要技术指标

指标	田间主道		田间次道	
	平原区	丘陵山地区	平原区	丘陵山地区
行车速度（千米/时）	40	20	30	15
一般最小圆曲线半径（米）	100	30	60	20

（三）生产路工程设计

（1）生产路宽度：应考虑通行小型农机具的要求，宽度宜为 2~2.5 米。

（2）生产路路基：可采用天然土路基。

（3）生产路路面：宜采用素土夯实，对一些有特殊要求的地方，可采用泥结石、碎石等。素土路面土质应具有一定的黏性和满足设计要求的强度，压实系数不宜低于 0.95。采用泥结石面层时，厚度宜为 8~15 厘米，骨料强度不应低于 30 牛/毫米^2。

（4）生产路高度：应高出田面 0.15 米。

（5）生产路纵坡：与农田纵坡基本一致，生产路可不设路肩。

四、农田防护与生态环境保护

农田防护林与生态环境保护工程是指根据因害设防、因地制宜的原则，将一定宽度、结构、走向、间距的林带栽植在农田田块四周，通过林带对气流、温度、水分、土壤等环境因子的影响，来改善农田小气候，减轻和防御各种农业自然灾害，创造有利于农作物生长发育的环境，以保证农业生产稳产、高产，并能对人民生活提供多种效益的一种人工林。

（一）防护林类型

防护林按功能分为：农田防风林、梯田埂坎防护林、护路护沟（渠）林、护岸林。其中，农田防风林应由主林带和副林带组成，必要时设置辅助林，无风害地区不宜设农田防风林。

（二）设计原则

农田防护与生态环境保护工程应因害设防，全面规划，综合治理，与田、沟、渠、路等工程相结合，统筹布设。

（三）技术措施

（1）对受风沙影响严重的区域，新建或完善防护林带（网）。

（2）对坡面较长、易造成水土流失的坡耕地及沟坝地、沟川地等，采取工程措施，包括修筑梯田或土埂，修建截流沟、排水沟、排洪渠、护地坝等，并增加集雨设施，引导并收集坡面径流进入蓄水池（井）；同时辅以生物措施，种植防护效益兼具经济效益好的灌木或草本植物，形成保持水土的良好植被。

（3）对盐渍化区域，完善林网建设，改善田间小气候，减少地面蒸发，减轻土壤返盐。

（四）树种选择

树种的选择要以农田防护为目的，适地适树，不得栽植高档名贵花木。应以乡土树种为主，适当引进外来优良树种，兼顾防护、用材、经济、美化和观赏等方面的要求，同时符合下列要求。

（1）主根应深，树冠应窄，树干通直，并应速生。

（2）抗逆性强。

（3）混交树种种间共生关系好、和谐稳定。

（4）与农作物协调共生关系好，不应有相同的病虫害或是其中间寄主。

（5）灌木树种应根系发达，保持水土、改良土壤能力强。

北方地区常用的优良防护树种，乔木及小乔木树种有：国槐、速生楸、白蜡、旱柳、椿树、银杏、柿树、刺槐、栾树、木槿、红叶李、女贞等；灌木树种有：紫穗槐、荆条、连翘、榆叶梅等。

（五）苗木质量及规格

苗木质量符合《主要造林树种苗木质量分级》（GB 6000—1999）规定的Ⅰ、Ⅱ级标准，其中乔木树种要求胸径 6 厘米以上，枝下高 3 米以上，全冠；小乔木树种要求地径 5 厘米以上，枝下高 1 米以上，全冠。

（六）栽植模式

应采用两个及以上树种混交栽植，纯林比例不应超过

70%，单一主栽树种株数或面积不应超过70%。林带的株行距应满足所选树种生物学特性及防风要求。梯田埂坎防护林树种宜选择灌木树种。护路护沟（渠）林宜栽植于路和斗沟（渠）两侧，单侧栽植时宜栽植在沟、渠、路的南侧或西侧，树种宜乔、灌结合。丘陵区沟头、沟尾宜营造乔灌草结合的防护林带。

（七）主要指标

一般受防护的农田面积占建设区面积的比例不低于90%，农田防护林网面积达到3%~8%。所造林网中的林木当年成活率要达到95%以上，三年后保存率要达到90%以上。

五、农田输配电工程及科技服务

（一）农田输配电工程

1. 概念

农田输配电工程指为泵站、机井以及信息化工程等提供电力保障所需的强电、弱电等各种设施，包括输电线路、变配电装置等。其布设应与田间道路、灌溉与排水等工程相结合，符合电力系统安装与运行相关标准，保证用电质量和安全。

2. 基本要求

农田输配电工程应满足农业生产用电需求，并应与当地电网建设规划相协调。

农田输配电线路宜采用10千伏及以下电压等级，包括10千伏、1千伏、380伏和220伏，应设立相应标识。

农田输配电线路宜采用架空绝缘导线，其技术性能应符合《额定电压10 kV架空绝缘电缆》（GB/T 14049—2008）、《额定电压1 kV及以下架空绝缘电缆》（GB/T 12527—2008）等规定。

农田输配电设备接地方式宜采用保护接地（TT）系统，对安全有特殊要求的宜采用中性点不接地（IT）系统。

应根据输送容量、供电半径选择输配电线路导线截面和输送方式，合理布设配电室，提高输配电效率。配电室设计应执行《20 kV及以下变电所设计规范》（GB 50053—2013）有关规定，并应采取防潮、防鼠虫害等措施，保证运行安全。

输配电线路的线间距应在保障安全的前提下，结合运行经验确定；塔杆宜采用钢筋混凝土杆，应在塔杆上标明线路的名称、代号、塔杆号和警示标识等；塔基宜选用钢筋混凝土或混凝土基础。

农田输配电线路导线截面应根据用电负荷计算，并结合地区配电网发展规划确定。

架空输配电导线对地距离应按《10 kV及以下架空配电线路设计规范》（DL/T 5220—2021）规定执行。需埋地敷设的电缆，电缆上应铺设保护层，敷设深度应大于0.7米。导线对地距离和埋地电缆敷设深度均应充分考虑机械化作业要求。

变配电装置应采用适合的变台、变压器、配电箱（屏）、断路器、互感器、起动器、避雷器、接地装置等相关设施。

变配电设施宜采用地上变台或杆上变台，应设置警示标识。变压器外壳距地面建筑物的净距离应大于0.8米；变压器装设在杆上时，无遮拦导电部分距地面应大于3.5米。变压器的绝缘子最低瓷裙距地面高度小于2.5米时，应设置固定围栏，其高度应大于1.5米。

接地装置的地下部分埋深应大于0.7米，且不应影响机械化作业。

根据高标准农田建设现代化、信息化的建设和管理要求，可合理布设弱电工程。弱电工程的安装运行应符合相关标准要求。

（二）科技服务

高标准农田建设科技服务主要是提高农业科技服务能力，配置定位监测设备，建立耕地质量监测、土壤墒情监测和虫情监测站（点），加强灌溉试验站网建设，开展农业科技示范，大力推进良种良法、水肥一体化和科学施肥等农业科技应用，加快新型农机装备的示范推广。

1. 高标准农田土壤墒情自动监测网络

为了加大高标准农田建设区域土壤墒情监测力度，建立健全墒情监测网络体系，提升监测效率，提高墒情监测服务能力，以乡镇为单位安装墒情自动监测系统。每套系统包括1台固定式土壤墒情自动监测站和4个管式土壤墒情自动监测仪，监测信息可自动上传至全国土壤墒情监测系统及省级土壤墒情监测系统。技术参数参考全国农业技术推广服务中心节水处旱作节水技术示范项目指导意见。

2. 耕地质量监测网点建设

按照农业农村部农田建设监管平台及高标准农田耕地质

量调查监测评价工作有关规定，高标准农田建设项目区应在项目实施前后分别开展耕地质量监测评价，比较项目建设前后耕地质量变化情况，并达到预期效果和目标。布置建设耕地质量监测网点，原有耕地平川区每 1 000 亩、山地丘陵区每 500 亩设立 1 个点位；新增加的耕地每 20 亩设立 1 个点位。监测点位耕层每点位 0~20 厘米采集 1 个土壤样品。原有耕地经高标准农田项目建设后，耕地质量等级应较项目实施前有所提升；新增加耕地的耕地质量等级应不低于周边耕地。

项目验收前提交耕地质量等级评价报告，评价报告应包括项目基本情况、耕地质量等级评价过程与方法、评价结果及分析、建设前后耕地质量主要性状及等级变动情况、土壤培肥改良建议等章节，并附土壤检测报告、指标赋值情况和成果图件等。成果图件包括：监测点位分布图、高标准农田建设区耕地质量等级图（建设前、建设后），需附矢量化电子格式。

3. 物联网监控云平台（智慧农业平台）

物联网监控云平台是农业物联网的枢纽，它是用户与安装在田地中监测设备的桥梁。所有设备将数据发送至云平台，同时被云平台控制，云平台能保证所有数据与设备同步保存。支持用户通过手机、平板电脑或电脑等智能终端，随时查看和管控。通过密码保护账户安全，实现远程控制、数据自动汇总与可视化。

物联网监控云平台以县为单元，建设集中控制中心。

第四节　高标准农田建设项目的验收

一、竣工验收的依据和条件

（一）项目竣工验收的依据

项目竣工验收的主要依据包括以下。

（1）国家及有关部门颁布的相关法律、法规、规章、标准、规范等。

（2）有关建设规划、项目初步设计文件、批复文件以及项目变更调整、终止批复文件。

（3）项目建设合同、资金下达拨付等文件资料。

（4）按照有关规定应取得的项目建设其他审批手续。

（5）初步验收报告及竣工验收申请。

（二）申请竣工验收的项目的条件

申请竣工验收的项目应满足以下条件。

（1）按批复的项目初步设计文件完成各项建设内容并符合质量要求；有设计调整的，按项目批复变更文件完成各项建设内容并符合质量要求；完成项目竣工图绘制。

（2）项目工程主要设备及配套设施经调试运行正常，达到项目设计目标。

（3）各单项工程已通过建设单位、设计单位、施工单位和监理单位四方验收并合格。

（4）已完成项目竣工决算，经有相关资质的中介机构或当地审计机关审计，具有相应的审计报告。

（5）前期工作、招投标、合同、监理、施工管理资料及相应的竣工图纸等技术资料齐全、完整，已完成项目有关材料的分类立卷工作。

（6）已完成项目初步验收。

二、竣工验收的程序

按照《高标准农田建设项目竣工验收办法》（农建发〔2021〕5号），项目审批单位应在项目完工后半年内组织完成竣工验收工作。应当按以下程序开展竣工验收。

（一）县级初步验收

项目完工并具备验收条件后，县级农业农村部门可根据实际，会同相关部门及时组织初步验收，核实项目建设内容的数量、质量，出具初验意见，编制初验报告等。

（二）申请竣工验收

初验合格的项目，由县级农业农村部门向项目审批单位申请竣工验收。竣工验收申请应按照竣工验收条件，对项目实施情况进行分类总结，并附竣工决算审计报告、初验意见、初验报告等。

（三）开展竣工验收

项目审批单位收到项目竣工验收申请后，一般应在60天内组织开展验收工作，可通过组织工程、技术、财务等领域的专家，或委托第三方专业技术机构组成的验收组等方式开展竣工验收工作。验收组通过听取汇报、查阅档案、核实现场、测试运行、走访实地等多种方式，对项目实施情况开展全面验收，形成项目竣工验收情况报告，包括验收工作组织开展情况、建设内容完成情况、工程质量情况、资金到位和使用情况、管理制度执行情况、存在问题和建议等，并签字确认。项目竣工验收过程中应充分运用现代信息技术，提高验收工作质量和效率。

（四）出具验收意见

项目审批单位依据项目竣工验收情况报告，出具项目竣工验收意见。对竣工验收合格的，核发农业农村部统一格式的《高标准农田建设项目竣工验收合格证书》。对竣工验收不合格的，县级农业农村部门应当按照项目竣工验收情况报告提出的问题和意见，组织开展限期整改，并将整改情况报送竣工验收组织单位。整改合格后，再次按程序提出竣工验收申请。

三、项目竣工验收的内容

项目竣工验收内容主要包括以下方面。

（1）项目初步设计批复内容或项目调整变更批复内容的完成情况。

（2）各级财政资金和自筹资金到位情况。

（3）资金使用规范情况，包括项目专账核算、专人管理、入账手续及支出凭证完整性等。

（4）项目管理情况，包括法人责任履行、招投标管理、合同管理、施工管理、监理工作和档案管理等。

（5）项目建设情况，包括现场查验工程设施的数量和质量、耕地质量、农机作业通行条件等，并对监理、四方验收、初步验收等相关材料进行核查。

(6) 项目区群众对项目建设的满意程度。

(7) 项目信息备案、地块空间坐标上图入库等情况。

(8) 其他需要验收的内容。

第五节　高标准农田的建后管护

一、工程管护范围

(一) 概念

高标准农田工程设施建后管护是指对田间道路、灌排设施、农田防护和生态环境保持工程、输配电工程、公示标牌、配套建筑物等工程设施进行管理、维修和养护，确保工程原设计功能运行正常。

(二) 管护范围

2011 年以来建成并上图入库的高标准农田项目，其工程设施应纳入管护范围。管护主要内容及标准如下。

1. 灌排工程、输配电工程管护

确保田间渠系工程、排水工程、输配水管道工程不堵塞；小型塘坝、水井、井房、泵站、田间蓄水池等小型水源工程正常使用，灌溉能力得到保障；输电线路、变配电设施、弱电设施等运行正常，无安全隐患。

2. 田间道路、农田防护工程管护

确保田间道路、机耕路完好，维持路面平整、路基完好，无杂草、无杂物，通行顺畅；农田防护和生态环境保持工程

整体充分发挥作用，项目建设的农田防护林要定期修剪，适时浇水，缺额补栽，跌倒扶正。

3. 配套建筑物、标识设施管护

各灌排渠道、田间道路、输配电工程等相关配套设施完好，围栏和公示、警示标志完整无损，信息清晰。

4. 确保项目发挥效益

在管护范围内发现高标准农田撂荒现象的，应及时报告乡镇人民政府和市县农业农村主管部门。

二、工程管护主体及责任

农田建设工程管护按照“谁受益、谁管护，谁使用、谁管护”的原则，结合农村集体产权制度和农业水价综合改革，合理确定工程管护主体。

（一）市县人民政府负总责

市县人民政府对高标准农田建后管护负总责，每年将管护财政资金纳入预算充分保障，统筹安排管护经费，足额保障管护工作需求。市县农业农村主管部门应制定高标准农田工程设施建后管护制度，负责组织协调、监督指导和检查考核等工作。

（二）各类管护主体及责任

高标准农田建设项目竣工验收合格后，应在一个月内，由市县农业农村主管部门与所在乡镇人民政府办理工程移交手续，双方共同确定管护主体，管护主体主要为镇村集体经济组织，受益范围内的农民专业合作组织、家庭农场、农业

企业等新型农业经营主体，或通过政府购买服务等方式委托的专业机构。乡镇人民政府与管护主体签订管护协议。工程质量保质期内，若发现工程设施因施工质量缺陷导致的损坏，市县农业农村主管部门应督促项目法人单位协调施工单位负责整改和修缮。

市县农业农村主管部门应根据实际及工程设施特点，因地制宜，采取不同管护模式，明确管护主体职责，并将管护主体、职责范围、工作内容及期限等在项目区公布。

（1）镇村集体经济组织作为管护主体的，应通过以工代赈的方式，引导和组织受益农民成立管护队伍，或设立公益性岗位等，统一管理，开展管护。

（2）农民专业合作组织、家庭农场、农业企业等新型农业经营主体或专业机构作为管护主体的，应在管护协议中明确管护职责、内容、标准、经费、检查考核要求等内容。市县农业农村主管部门、乡镇人民政府应指导管护主体积极吸纳当地群众、特别是困难群众参与管护，并按时足额发放酬劳，促进农民增收。

（三）专职管护人员

各类管护主体均应安排专职管护员。专职管护员应遵纪守法、热心公益事业、责任心强、有劳动能力。专职管护员应熟悉管护区域内高标准农田工程设施的布局和现状，认真做好管护工作，保证管护工程设施正常运行，持续发挥效益。管护主体及人员必须严格遵守法律法规和工作制度，服从防汛防风防旱工作统一调度，接受市县农业农村主管部门、镇村组织和农民群众的监督，不得以任何理由擅自收取费用、擅自将工程及设备变卖，不得破坏水土资源和生态环境。

专职管护员应定期对高标准农田进行巡查，汛期应加大巡查频次，每次巡查应填写记录并报管护主体存档。发现破坏高标准农田工程设施的单位或个人，管护主体、专职管护员应及时向乡镇人民政府、市县相关主管部门报告，情节严重涉嫌犯罪的，应及时向公安机关报告。

三、工程管护资金的管理

（一）管护资金的来源

高标准农田工程设施建后管护资金主要来源为市县级财政预算资金、上级财政安排的补助资金和各类可用于建后管护的奖补资金等。市县应建立财政补助和农业水费收入、经营收入相结合的高标准农田管护经费投入机制，统筹村（组）集体经济收益、新增耕地指标交易收益、村集体土地流转收益、灌溉用水收费、“一事一议”政策补助资金、高标准农田工程审计结余资金、其他农村社会事务管理资金等，拓宽资金筹措渠道，保障管护工作持续有效开展。

（二）管护资金的使用

管护资金使用支出范围主要包括：在工程设计使用期内工程设施日常维修、局部整修和岁修，购置必要的小型简易管护工具、运行监测设备、维修材料、设备所需汽柴油，以及发放专职管护员的酬劳等；委托专业机构作为管护主体的，应依据合同内容合理支付费用。

日常维护主要对工程设施进行经常性保养和防护；局部整修主要对工程设施局部或表面轻微缺陷和损坏（含灾

毁）进行处理，保持设施完整、安全及正常运用；岁修主要对经常养护所不能解决的工程损坏进行每年或周期性的修复。维修养护不包括工程设施扩建、续建、改造等。

管护资金要专款专用，不得挤占挪用，不得用于购置车辆、发放行政事业单位人员工资补贴或其他行政事业费开支。市县农业农村主管部门每年应对管护资金使用情况进行检查并将结果公示。

参考文献

刘凤枝，李玉浸，2015. 土壤监测分析技术［M］. 北京：化学工业出版社.

牛斌，王君，任贵兴，2017. 畜禽粪污与农业废弃物综合利用技术［M］. 北京：中国农业科学技术出版社.

农业农村部农田建设管理司，农业农村部耕地质量监测保护中心，2023. 耕地质量建设保护政策技术问答［M］. 北京：中国农业出版社.

陶国树，2021. 高标准农田建设工作导则［M］. 郑州：黄河水利出版社.

薛剑，关小克，金凯，2021. 新时期高标准农田建设的理论方法与实践［M］. 北京：中国农业出版社.